premiere
cobram
estate
olive oil
EXTRA VIRGIN
FIRST COLD PRESSING
2003 HARVEST
375mL 12.6 fl.oz
LEANDRO
BIO

huile d'olive

Photos : Tango
Styliste culinaire : Jacques Faucher
Styliste accessoiriste : Luce Meunier
Accessoires de cuisine :
Wilfrid et Adrienne, Westmount
La maison d'Émilie, Outremont
Huiles :
Olive et olives, Montréal
Les douceurs du marché, Marché Atwater, Montréal

Catalogage avant publication de Bibliothèque et Archives Canada

Beauchemin, Robert

Huile d'olive

(Tout un plat!)

1. Cuisine (Huile d'olive). 2. Huile d'olive. I. Titre. II. Collection.

TX819.O42B42 2005 641.6'463 C2005-940465-5

Pour en savoir davantage sur nos publications,
visitez notre site : www.edhomme.com
Autres sites à visiter : www.edjour.com
www.edtypo.com • www.edvlb.com
www.edhexagone.com • www.edutilis.com

03-05

Dépôt légal : 2e trimestre 2005
Bibliothèque nationale du Québec

ISBN 2-7619-1899-1

DISTRIBUTEURS EXCLUSIFS :

• Pour le Canada et les États-Unis :
MESSAGERIES ADP*
955, rue Amherst
Montréal, Québec H2L 3K4
Tél. : (514) 523-1182
Télécopieur : (450) 674 6237
* Filiale de Sogides ltée

• Pour la France et les autres pays :
INTERFORUM
Immeuble Paryseine, 3, Allée de la Seine
94854 Ivry Cedex
Tél. : 01 49 59 11 89/91
Télécopieur : 01 49 59 11 96
Commandes : Tél. : 02 38 32 71 00
Télécopieur : 02 38 32 71 28

• Pour la Suisse :
INTERFORUM SUISSE
Case postale 69 - 1701 Fribourg - Suisse
Tél. : (41-26) 460-80-60
Télécopieur : (41-26) 460-80-68
Internet : www.havas.ch
Email : office@havas.ch
DISTRIBUTION : OLF SA
Z.I. 3, Corminbœuf
Case postale 1061
CH-1701 FRIBOURG
Commandes : Tél. : (41-26) 467-53-33
Télécopieur : (41-26) 467-54-66
Email : commande@ofl.ch

• Pour la Belgique et le Luxembourg :
INTERFORUM BENELUX
Boulevard de l'Europe 117
B-1301 Wavre
Tél. : (010) 42-03-20
Télécopieur : (010) 41-20-24
http ://www.vups.be
Email : info@vups.be

Gouvernement du Québec – Programme de crédit d'impôt pour l'édition de livres – Gestion SODEC – www.sodec. gouv. qc. ca

L'Éditeur bénéficie du soutien de la Société de développement des entreprises culturelles du Québec pour son programme d'édition.

Le Conseil des Arts du Canada
The Canada Council for the Arts

Nous remercions le Conseil des Arts du Canada de l'aide accordée à notre programme de publication.

Nous reconnaissons l'aide financière du gouvernement du Canada par l'entremise du Programme d'aide au développement de l'industrie de l'édition (PADIÉ) pour nos activités d'édition.

tout un plat !

huile d'olive

Robert Beauchemin

LES ÉDITIONS DE L'HOMME

Je dédie ce livre à mon ami Angelo Rindone
sans qui je n'aurais jamais eu l'idée
d'écrire un livre sur l'huile d'olive.

Avant-propos

Le monde de l'huile d'olive est envahi par les fraudeurs. Des pays entiers sont impliqués : des gens tirent profit de la situation et n'ont pas l'intention de s'arrêter. Les diverses sociétés multinationales qui se sont consacrées à la production d'huile d'olive s'occupent dorénavant davantage de distribution et de promotion. Le contrôle de la qualité, censé être exercé par des instituts nationaux, est parfois acquis aux intérêts des grandes entreprises par de généreuses subventions et n'est donc pas toujours efficace. Cette situation perdure en dépit des mesures sérieuses mises en place par des experts et des chimistes de la Communauté européenne depuis 1989 pour régir ce qui était jusqu'alors un secteur économique chaotique. Cela dit, ces dispositions ont intensifié les contrôles chimiques afin de prévenir les falsifications, mais ce n'est pas suffisant.

Cette réflexion sur le monde de l'huile d'olive m'est venue au cours des voyages que j'ai accomplis ces dix dernières années et qui m'ont conduit des oliveraies de Toscane, d'Ombrie et de la Sicile à celles d'Andalousie, de la Provence, du Maroc et de la Tunisie. Ces pensées ont jalonné mon parcours professionnel, alors que l'huile d'olive influençait de plus en plus mon alimentation et celle de mes concitoyens. Si je me nourris mieux aujourd'hui qu'il y a vingt ans, c'est en partie parce que j'ai fait entrer l'olive dans ma vie quotidienne. Je ne suis pas le seul à avoir compris que l'huile d'olive est une panacée. Hélas, les filous qui ont entrepris d'en produire au moindre coût sévissent encore en coupant l'huile d'olive avec d'autres huiles par exemple, ou en la distribuant sans tenir compte des lois internationales, ou encouragés par certains individus peu scrupuleux. Dans un monde de plus en plus dominé par les industries agroalimentaires et par l'argent, j'ai décidé de faire de la résistance.

Comment le consommateur peut-il s'y retrouver s'il veut se procurer des produits écologiquement fiables alors que les marchés sont envahis par les sous-produits de l'olive où souvent l'on a substitué partiellement, parfois totalement, à l'huile d'olive des huiles moins coûteuses, fabriquées dans des conditions épouvantables? Nous devons être vigilants.

Cet ouvrage n'est pourtant pas un réquisitoire, mais bien un guide dont le but est justement de vous indiquer la bonne direction et de remettre les pendules à l'heure en favorisant une réflexion critique sur ce produit. Parlons haut et clair : je ne déclare pas la guerre aux grandes sociétés, mais j'ai bon espoir que la rigueur et la sincérité auront éventuellement raison de la tricherie commerciale. Je comprends l'histoire pour ce qu'elle est, et puisqu'elle se répète inlassablement, ici et ailleurs, je crois que les tractations des producteurs et distributeurs corrompus finiront par se retourner contre eux malgré la complaisance de certains médias et les leurres de la technologie.

Introduction

L'huile d'olive. On se l'imagine en amphore, au cœur de la cuisine d'une *casa* traditionnelle des Abruzzes ou du Lazio, en Italie. On voit la grand-mère versant la précieuse substance sur les salades fraîches. Tomates, haricots, laitues, basilic. Tout est délicatement nappé de l'huile qui évoque, par ses nuances fruitées, les champs, les collines, la mer. Est-ce bien cela, le monde de l'huile d'olive?

Erreur. Retour en arrière.

L'huile d'olive telle que nous la connaissons aujourd'hui est un produit nouveau. Bien sûr, les olives ont un passé, et l'huile que l'on tirait traditionnellement des fruits aussi. Mais cette huile-là disparaît peu à peu grâce surtout à une nouvelle génération de producteurs qui, à l'instar de certains viticulteurs et sous l'impulsion de recherches sérieuses menées en Amérique du Nord, en Italie, en France et en Espagne, élaborent depuis moins de vingt ans d'excellents produits du terroir. Or, cette qualité n'existait pas dans l'Espagne de Franco, ni dans l'Italie de l'après-guerre, ni dans les autres pays de la Méditerranée qui produisaient depuis toujours de l'huile uniforme, souvent pleine de défauts, la plupart du temps raffinée, ou bien pire, lampante, c'est-à-dire bonne pour les lampes à huile.

Quittez ces chimères qui vous font voir une cuisine italienne basée sur des produits superfins! L'Italie de l'après-guerre était en ruine et le resta durant plusieurs décennies. Dans les campagnes, on cuisinait pour survivre. Les plus hardis cherchèrent le salut dans l'émigration. L'Espagne s'était renfermée en elle-même, boudée par une bonne partie du monde à cause de son régime fasciste, sa population vassalisée, son industrie sclérosée; et l'alimentation des Espagnols n'était guère sophistiquée: au menu, gras saturés et fritures à l'huile d'olive. La France, qui comptait plus de vingt-six millions d'oliviers en 1840 et dont l'industrie de l'huile était un pilier de l'économie méridionale, a beaucoup souffert lors des deux guerres mondiales. En outre, ses oliveraies furent dévastées par les grands gels de 1929 et de 1956, si bien que, au début des années 1960, il ne restait plus que trois millions d'oliviers en France. Les autres pays méditerranéens – Grèce, Portugal, Liban, Turquie, Israël –, technologiquement retardataires, avaient un rôle modeste dans le marché.

La Tunisie, le Maroc et l'Algérie produisaient une huile brute que l'on raffinait en France, souvent à l'aide de produits chimiques. Ailleurs, les Américains ne savaient pas distinguer une olive d'une prune; l'Australie anglo-saxonne dédaignait les produits du sud de l'Europe, spécialement en cuisine, et ne s'intéressait à l'Italie ou à l'Espagne que pour y recruter des travailleurs manuels. En bref, la production de l'huile d'olive était plutôt moribonde au début des années 1960.

Pourtant, en Méditerranée, on utilisait toujours l'huile d'olive en cuisine, même si on ne savait pas différencier une bonne huile d'une mauvaise. Dans les années 1970, l'huile d'olive fut presque supplantée par les huiles de tournesol et de colza, moins chères, au goût moins prononcé. Grâce à des campagnes publicitaires efficaces, ces huiles économiques conquirent les consommateurs. Depuis lors, pourtant, l'huile d'olive s'est grandement améliorée grâce à la technologie et au flair de quelques entrepreneurs, mais surtout grâce aux études sur les effets bénéfiques de cette huile sur la santé. Le résultat fut spectaculaire!

Aujourd'hui, l'huile d'olive n'est plus un simple condiment avec lequel on nappe des tomates, mais elle se décline, comme pour le vin, en des centaines d'appellations dont les caractères et les arômes varient presque à l'infini. L'huile peut être douce, évoquant des fruits mûrs, des pointes de banane, d'amande; ou ardente, au goût de pomme verte, d'asperge, d'artichaut ou de feuilles de tomate. Elle peut être fruitée, d'un goût «vert», dont les arômes végétaux, un peu piquants, révèlent que les olives furent récoltées en début de saison; ou d'un goût «noir», aux parfums intenses d'olives mûres, d'amandes grillées, de sous-bois humide, voire de cacao. Les oliviers poussent en montagne, dans les plaines, au bord de la mer, dans des régions semi-arides, et toutes ces huiles différentes auront un parfum distinct.

Enfin, rappelons que, parmi toutes les huiles végétales, l'huile d'olive est la seule qui est extraite sans moyens chimiques. C'est donc littéralement du «jus d'olive» que nous consommons, et ces jus sont issus d'un seul «cépage», ou le résultat d'un assemblage de plusieurs cépages, comme pour les vins.

Histoire

Les Méditerranéens vous le diront: ils ont grandi la tête dans le baril d'huile de leur grand-mère. Mais que valait cette huile d'un point de vue gastronomique? Est-ce que les Européens n'ont pas une image trop romantique de leur passé récent, spécialement de l'art culinaire? Originaire du sud du Caucase, l'olivier sauvage s'est répandu dans tout le bassin méditerranéen, si bien que l'olive fait partie depuis longtemps du régime alimentaire des peuples de cette région. On extrayait déjà l'huile d'olive à Jéricho 6 000 ans avant notre ère, de sorte que l'olive est devenue un symbole fondateur des cultures de la Méditerranée. Près de 3 000 ans av. J.-C., les Phéniciens implantèrent l'olivier tout autour des cités avec lesquelles ils commerçaient, mais comme les arbres de cette époque donnaient peu, il en fallait beaucoup pour satisfaire à la demande croissante. On utilisait alors l'huile en cuisine, mais aussi en parfumerie, pour les massages, pour l'embaumement des morts et d'autres rituels religieux, et même pour s'éclairer. On en faisait grand usage en Crète, en Palestine, en Grèce, chez les Égyptiens et les Étrusques.

Il était donc normal de trouver de l'huile d'olive dans tout l'Empire romain à son apogée, et des fouilles nous apprirent que l'Inde en importait, et peut-être même la Chine par les Arabes. Or, on sait que les Romains jugeaient indispensable d'en disposer de presque huit litres par mois et par esclave. Ils imposaient même une taxe sous forme de prélèvement d'huile d'olive à certaines de leurs provinces, par exemple la Numidie (autour de la Tunisie et de l'Algérie contemporaine).

Au Moyen Âge, l'huile d'olive perdit de l'importance partout dans les anciennes possessions de l'Empire romain, détruites ou ravagées par les invasions barbares. Ce sont les Arabes qui, à leur tour, développèrent l'oléiculture jusqu'en Andalousie. Ainsi, Séville devint, dès le XIIIe siècle, la première région pour la culture de l'olivier dans le monde arabe. En Italie, au début de la Renaissance, les cités-États de Venise et de Gènes prirent le relais pour le commerce de l'olive en Europe méridionale et l'olivier redevint un symbole de puissance commerciale, d'autant que les Espagnols, affranchis de la présence maure au XVe siècle, l'introduisirent dans leurs colonies d'Amérique, du Mexique au Pérou, de la Californie à l'Argentine. Après des siècles de production et de commercialisation en dents de scie sur le pourtour méditerranéen, l'olivier entreprit donc sa migration vers d'autres continents où il fallut attendre la fin du XXe siècle pour qu'il suscite l'intérêt, par exemple au Japon et en Chine. Par ailleurs, en Australie et en Nouvelle-Zélande, l'olivier fut, comme la vigne, le compagnon culturel des immigrants de l'Europe du Sud qui s'installèrent là-bas au début du XXe siècle. Notons que c'est un sujet britannique, Samuel Davenport, qui planta les premiers oliviers en Australie méridionale dès 1874, avant l'arrivée des Italiens et des Espagnols. Malheureusement, les deux premiers tiers du XXe siècle furent marqués par de terribles ruptures sociales attribuables aux deux guerres mondiales et à la fin des empires coloniaux européens. Ces conflits affaiblirent le commerce mondial et firent presque disparaître l'oléiculture en Australie, en Afrique du Nord et même en Méditerranée. Ce n'est qu'au dernier tiers du XXe siècle que fut ravivée la culture de l'olivier, sous l'impulsion des recherches sur les vertus thérapeutiques — et non pas gastronomiques — de l'huile d'olive. Aujourd'hui, la production d'huile d'olive a explosé et l'on en tire d'énormes profits par presque tous les moyens. D'où la nécessité de mieux connaître le produit, les méthodes d'extraction, les entreprises qui le fabriquent et le commercialisent.

Des pays et des terroirs

Le mot «terroir» commence à être galvaudé : il englobe tout à la fois le sol, le climat, l'environnement général, mais aussi l'ensemble des traditions humaines. Quant à l'huile d'olive, le mot a encore un sens malgré l'invention et l'intervention de la Communauté européenne, au sein de laquelle la production cache des mystifications. Or, le terroir de l'olive se situe aujourd'hui essentiellement au sud des Alpes et au nord du Sahara. Si l'olivier a des origines caucasiennes, il s'implanta très tôt dans les contrées méditerranéennes, s'adapta parfaitement et fut hybridé par des colons grecs, romains, celtes, hispaniques, maures, au point où il est aujourd'hui difficile d'établir avec certitude le nombre de cultivars (variétés obtenues par hybridation et cultivées) qui poussent sur le continent. Tenace et vigoureux, l'olivier aime les sols plutôt pauvres, les climats plutôt arides aux saisons marquées : très chaud et sec en été, froid et humide en hiver, mais sans grandes gelées. On trouve même en Andalousie et en Tunisie des oliviers centenaires qui donnent encore des fruits. Un jour, un paysan tunisien m'a affirmé le plus sérieusement du monde que l'olivier qui poussait dans sa cour avait nourri l'empereur romain Septime Sévère, vers l'an 200 !

Quoi qu'il en soit, il y a à peine vingt ans on pensait spontanément à l'Italie ou à l'Espagne quand on évoquait l'huile d'olive, mais ce n'est plus le cas aujourd'hui. Récemment, j'ai découvert des huiles exquises élaborées en Uruguay, en Israël, en Nouvelle-Zélande, en Argentine et en Australie. On le voit assez, l'olive peut donner des huiles d'une variété étourdissante. En voici un aperçu.

CÔTE NORD DE LA MÉDITERRANÉE

Cinq pays se distinguent, mais un seul domine : l'Espagne, avec un million de tonnes d'huile d'olive produite chaque année sur ses terres arides à l'apparence de savane, est redevenue le plus important producteur du monde. Par comparaison, la France n'en élabore que 5000 tonnes.

ESPAGNE

En Espagne poussent plus de deux cents variétés d'oliviers, dont une douzaine déterminent le goût caractéristique des huiles espagnoles. Le reste de la production fournit des olives de table, excellentes. Parmi ces olives, mentionnons l'Arbequina, en Catalogne ; la Picual, cultivée surtout en Andalousie et en Estrémadure, la plus commune des olives espagnoles, appelée parfois Nevadilla ; la Cornicabra, en Castilla-La-Mancha ; la Picudo, dans la région de Cordoue ; la Blanqueta

à Valence ; la Hojiblanca, autour de Málaga et Cadix. Ces variétés d'olives donnent des huiles uniques et spécifiques. De plus, les Espagnols, contrairement aux Italiens, préfèrent cueillir les olives bien mûres qui transmettent aux huiles des saveurs légèrement oxydées. Autrefois, comme c'était le cas en France, ces huiles avaient un goût de beurre, presque rance. Aujourd'hui, grâce aux méthodes modernes de la mesure d'oxydation, on contrôle mieux ce goût de « fruité noir ». Ainsi, les huiles espagnoles, souvent très bonnes, dégagent des parfums typiques d'agrumes, de champignon et de sous-bois, voire de figue mûre.

L'Espagne produit aussi beaucoup d'huile au goût de « fruité vert » rappelant l'herbe fraîchement coupée, les artichauts ou le feuillage des plants de tomates. Ce style domine surtout en Italie, où l'on estime que les effets bénéfiques sont les meilleurs possibles dans les fruits verts.

ITALIE

Impossible de parler de l'huile d'olive sans parler de l'Italie, premier pays à avoir modernisé la production par de nouvelles techniques d'extraction. Les Grecs cultivaient déjà l'olivier en Sicile quand on commença sérieusement à s'y intéresser sur la péninsule italienne, 500 ans avant notre ère. Apicius (25 av. J.-C. – 37 apr. J.-C.), grand gastronome romain du temps de Néron, recommandait l'olive dans le *De Re Coquinaria,* plus ancien livre de cuisine qui nous soit parvenu. Cela nous donne une idée de l'importance de ce fruit dans ce pays. D'ailleurs, aujourd'hui l'huile d'olive est l'un des emblèmes de la cuisine italienne. On connaît environ quatre cent cinquante cultivars, dont une centaine servent exclusivement à la production d'huile. En Toscane, on en recense quatre-vingt-douze ; dans les Pouilles, cinquante-trois ; en Campanie, cent quatre ! Cela dit, certaines variétés sont semblables à celles que l'on trouve en Espagne et en France sous d'autres appellations.

Puisque toutes les régions d'Italie, excepté le Val-d'Aoste, produisent de l'huile, la concurrence est féroce et la qualité remarquable en général. Ce qui n'empêche pas les Italiens d'importer d'Espagne, de Grèce et de Tunisie d'énormes quantités d'huile destinée à… l'exportation en imprimant des indications géographiques italiennes sur les étiquettes. De là l'importance et la nécessité — pour l'industrie italienne et pour les consommateurs — d'imposer de nouvelles normes comme celles qui sont prescrites par des appellations telles que I.G.P. (Indication géographique protégée) et D.O.C. (*Denominazione d'Origine Controllata* en France : Appellation d'origine contrôlée), créées au début des années 1990, ou par des labels d'organisations indépendantes et privées reconnues, par exemple la *Corporazione dei Mastri Oleari.* La région des Pouilles produit presque la moitié de l'huile italienne, devant la Calabre et la Sicile. Au centre du pays, des régions au climat plus « frais », comme la Toscane et l'Ombrie, produisent aussi de l'huile de très grande qualité.

GRÈCE

Troisième producteur quant à la quantité, mais premier par la consommation, la Grèce aussi est sortie du long sommeil de la production d'huile à la manière moyenâgeuse. Quand je suis allé en Grèce pour la première fois, en 1978, les ânes transportaient encore les bidons d'huile dans la région de Kalamata. Depuis lors, le pays s'est engagé dans la révolution technologique, de telle sorte que les huiles grecques sont meilleures que jamais et qu'elles coûtent encore moins cher que celles produites par leurs voisins à cause du faible prix de la main-d'œuvre. Un peu moins du tiers de la production provient de l'île de Crète, et un quart du Péloponnèse où l'on cultive les olives de Kalamata.

PORTUGAL

Même s'il se situe à un rang inférieur de la production, le Portugal récolte tout de même dix fois plus d'huile d'olive que la France. Cependant, les producteurs portugais ne sont pas aussi bien organisés que leurs collègues italiens ou espagnols. Néanmoins on y trouve des huiles superbes et originales réparties en six appellations d'origine protégées. L'huile d'olive de la région de *Trás-os-Montes,* par exemple, a un goût ardent et un peu amer. Partout ailleurs, on a encore tendance à produire des huiles au fruité noir, à partir de fruits mûrs et un peu oxydés.

FRANCE

Malgré sa tradition de gastronomie et son amour des produits locaux et de saison, ce pays a longtemps stagné relativement à la production d'huile d'olive. Si les Français n'en produisent aujourd'hui que 5 000 tonnes (un million de tonnes en Espagne ; 700 000 en Italie), ils en importent presque vingt fois plus. Pourtant, on y trouve six appellations d'origine contrôlées (une septième est en cours d'homologation) qui comptent de très grandes huiles. Toutefois les choses évoluent et les Français ont compris qu'ils devaient améliorer leur production et le style de leurs huiles. On trouve encore çà et là des huiles oxydées, mais les huiles bien vertes et bien fringantes commencent à s'imposer, par exemple l'huile de Château Virant (A.O.C. du Pays d'Aix-en-Provence) ou celle du Moulin du Mas Saint-Jean (A.O.C. de la Vallée des Baux-de-Provence).

CÔTE SUD DE LA MÉDITERRANÉE

Le Maroc, l'Algérie et la Tunisie produisent de l'huile d'olive, mais seul ce dernier pays a un certain poids dans le commerce mondial. Ravagée par la guerre civile depuis trente ans, l'Algérie a presque complètement perdu sa capacité de production, pour ne rien dire du contrôle de la qualité. Quant au Maroc, sa production est modeste, et si la qualité de l'huile d'olive s'améliore, ce pays ne pèse pas très lourd, d'autant moins qu'il n'est pas soumis aux contrôles de l'Union européenne. Le Maroc privilégiera-t-il la quantité ou la qualité ? L'avenir le dira.

PROCHE-ORIENT

La Turquie est le seul pays de cette région où la production moderne d'huile d'olive est significative. Cependant, la Syrie, la Jordanie et même Israël élaborent de l'huile d'olive malgré les problèmes politiques qui secouent la région depuis longtemps, ce qui en dit long sur le courage des habitants et sur leur attachement aux traditions culinaires.

LES NOUVEAUX PRODUCTEURS : AUSTRALIE, NOUVELLE-ZÉLANDE, ÉTATS-UNIS, CHINE

Qui l'eût cru : la Chine, pays producteur d'huile d'olive ! Pour l'instant, en 2004, ce pays n'a qu'un rôle marginal dans ce domaine. En fait, la Chine n'en est qu'au stade expérimental. Pourtant les choses changent et nous serions bien avisés de nous préparer à une véritable révolution. Les Australiens, par exemple, plantent un million d'oliviers par année : olives espagnoles Manzanillo et Arbequina ; grecques de Kalamata ; italiennes Frantoio et Corregiola. Un peu comme les vins, les huiles d'olive sont le fruit du travail des hommes en corrélation avec les caractéristiques pédologiques et climatiques du milieu naturel. Les producteurs néo-zélandais, qui n'étaient que deux en 1980, sont plus de six cents aujourd'hui.

Une industrie naissante s'est aussi réimplantée en Argentine, en Uruguay, au Brésil et même au Mexique où l'on cultive pourtant des oliviers depuis 1521.

Les principales techniques de fabrication de l'huile d'olive

Nous le répétons : oubliez les images d'Épinal. Les chevaux n'actionnent plus les meules en pierre qui broyaient les olives. Aujourd'hui, témoins d'une époque héroïque, ces meules sont dans les musées ou ornent la façade des entreprises de production, même les plus modestes, comme une garantie de qualité. De nos jours, on produit et distribue l'huile d'olive à l'aide de systèmes informatiques parfois complexes, et la technologie a amélioré la qualité des produits et l'approvisionnement des marchés. Sans nous étendre sur les conséquences sociales et environnementales d'une telle révolution, nous pouvons dire que les pays producteurs d'huile d'olive ont presque tous adopté ces nouveaux systèmes de production.

Autrefois, les moulins étaient souvent actionnés par des animaux, généralement des mules, qui poussaient d'immenses meules en granit pour écraser les fruits. Partout en Méditerranée on trouve aussi des moulins à vent ou à eau, mais plus personne ne les utilise, sinon pour le folklore ou pour montrer aux visiteurs les techniques du passé. Les huiles exprimées par ces méthodes étaient souvent imparfaites, oxydées, rances, mais on ne connaissait pas mieux. L'outillage était assez malpropre et l'efficacité, douteuse. Dans certaines provinces, on utilisait des broyeurs actionnés par des hommes au moyen d'une sorte de gros vilebrequin. C'était un travail difficile et coûteux. Si on utilise encore parfois des meules, aujourd'hui elles fonctionnent automatiquement.

Aujourd'hui, le procédé industriel de production de l'huile d'olive le plus commun est basé sur un système d'extraction en continu : il s'agit de broyer les fruits, de séparer la pâte en trois phases (solide, aqueuse et huileuse), puis de purifier l'huile par centrifugation verticale pour obtenir l'huile vierge. Le processus est efficace, moins coûteux, et permet de produire de grandes quantités d'huile de bonne qualité, parce que le travail sur l'olive se fait plus régulièrement, plus rapidement. C'est un des points les plus importants pour obtenir un faible taux d'acidité.

Une autre technique, connue sous le nom de Sinolea, a l'avantage de réduire au minimum le contact de l'huile avec les agents étrangers, éliminant les risques de contamination. On commence par broyer les olives, puis, durant le pétrissage, des centaines de petites lames d'acier inoxydable incisent continuellement la pâte. L'huile adhère aux lames et s'écoule goutte à goutte. Puisque cette technique ne met pas la pâte sous pression, on peut travailler dans des conditions de température plus favorables. Ensuite on débarrasse l'huile de ses impuretés et de l'eau de végétation par centrifugation.

L'huile d'olive et la santé

Nous ne pouvions pas écrire un livre comme celui-ci sans aborder brièvement les effets antioxydants de l'huile d'olive utilisée à cru.

Sans entrer dans le détail, nous savons depuis la fin des années 1980 que l'huile d'olive est pour ainsi dire une panacée. Par contre, seule l'huile extravierge certifiée, extraite mécaniquement, contient assez de phénols et d'acide oléique pour atténuer les effets néfastes des radicaux libres et d'un régime alimentaire riche en graisses. Autrement dit, l'huile d'olive aiderait à prévenir les maladies cardiovasculaires, les affections du système digestif et l'apparition de certains cancers, notamment du sein, de la prostate, du côlon et de la peau. On ignore généralement que c'est lors de l'extraction de l'huile, à partir de fruits à peine mûrs, que se développent ces propriétés bénéfiques, à la condition que le malaxage et le broyage aient lieu moins de vingt heures après la récolte. Après ce laps de temps, les vertus de l'huile d'olive se résorbent. En Italie, ces procédés sont devenus coutumiers et l'avenir de l'industrie en dépend, mais des producteurs de nombreux pays n'ont pas encore compris l'importance de respecter ce délai de vingt heures.
En France et en Espagne il était courant, jusqu'à tout récemment, de trouver des olives qui fermentaient légèrement avant d'être broyées. On disait de ces huiles qu'elles avaient un « goût français ».

Carnet pratique

COMMENT RECONNAÎTRE UNE BONNE HUILE D'OLIVE ? LES MYTHES ET LES FAITS

Il est quasiment impossible de reconnaître une bonne huile d'olive selon son étiquette, son pays d'origine, son prix. De plus, les indications techniques comme «extravierge» et «première pression à froid» ne veulent pas dire grand-chose, puisque toutes les huiles extravierges sont pressées à froid, les bonnes et les moins bonnes. Il s'agit en fait de techniques de marketing.

Autrefois, les presses ne pouvaient extraire que 40% de l'huile des fruits. C'est ce qu'on appelait la première pression. Pour en obtenir davantage, on ajoutait de l'eau chaude et on procédait à une seconde pression. De nos jours, cette méthode n'est plus pratiquée. Or, on doit bien vendre son huile, et presque toutes les astuces sont permises, même si elles confondent le consommateur. Le pire, c'est qu'on peut facilement transformer une huile d'olive rance, malpropre et périmée en une huile tout à fait neutre, par exemple à l'aide de solvants. La seule façon de découvrir ces fraudes est d'analyser le produit en laboratoire, ce qui n'est pas à la portée du consommateur, lui qui, de toute manière, a déjà acheté sa bouteille. Les agences gouvernementales pourraient-elles s'en charger? Quoi qu'il en soit, le consommateur pourrait avoir du mal à retourner une bouteille de mauvaise huile au marchand, puisque ce dernier peut très bien invoquer l'ignorance, bien qu'il soit responsable de ses sources d'approvisionnement.

Pour pallier ces faiblesses, sachez d'abord que, comme le vin, une bonne huile d'olive coûte normalement plus cher qu'une huile de qualité inférieure. Si quelqu'un prétend connaître la meilleure huile d'olive du monde et qu'il vous la recommande, méfiez-vous: objectivement, la «meilleure huile du monde» n'existe pas; il n'y a que d'excellents produits, des produits passables, et des choses sans aucune valeur. Mais vous connaissez certainement ce phénomène, que j'ai baptisé «syndrome du Wal-Mart gastronomique».

Voici donc des recommandations destinées à éclairer les consommateurs dans ce marché en pleine expansion et dont on a un peu perdu le contrôle, où les associations professionnelles ont parfois tendance à protéger l'industrie, aussi fautive soit-elle.

PRIMO: Avant de choisir une huile pour son étiquette ou sa provenance, sachez qu'il y a une règle cardinale: LISEZ ATTENTIVEMENT les informations sur la bouteille, surtout celles quant aux dates de production et de péremption, c'est-à-dire la date à laquelle l'huile sera au meilleur de sa fraîcheur; et la date à laquelle vous pouvez vous attendre à ce que les parfums et les effets antioxydants soient en grande partie disparus, soit vingt-quatre mois après la production. La majorité des bouteilles indiquent aujourd'hui la date de péremption. Si vous ne voyez pas cette information sur la bouteille, n'achetez pas cette huile !

SECUNDO : À l'instar des vins, les huiles d'olive sont diversement colorées, du jaune au vert foncé. Cette caractéristique n'a aucune importance ni aucune incidence sur la qualité, ni même sur le goût de l'huile. Du reste, dans certains pays et chez certains producteurs, on ajoute des feuilles d'olivier à l'huile pour en foncer la teinte.

TERTIO : L'odeur de l'huile dépend de la variété d'olivier et du moment de la cueillette. Les fruits verts exhaleront des parfums de verdure ou de foin coupé ; et les fruits mûrs, des arômes de champignon ou de figue, voire de fruits tropicaux pour certaines huiles espagnoles.

QUARTO : En bouche, les huiles révéleront leur fraîcheur, leur fruité léger ou intense ; elles seront plus ou moins fluides ou légères, amères, douces, astringentes, piquantes. Pour goûter une huile d'olive dans les règles de l'art, il convient de la réchauffer un peu dans un verre, dans la paume des mains – comme on le fait pour un scotch ou un cognac, dont les effluves s'épanchent avec la chaleur. Ainsi, vous serez capable d'accorder des huiles avec certains aliments.

GARANTIES DE QUALITÉ

Variété des cultivars
Aire géographique de culture – le sol
Conditions climatiques
État de maturation des fruits
Technologie de récolte
Temps et modalité de conservation des fruits
Technologie de transformation
Temps et température de réduction de la pulpe
Entreposage et longévité
Producteur agréé

CRITÈRES POUR CHOISIR UNE BONNE HUILE D'OLIVE :

La rigueur du détaillant. Demandez-lui si son grossiste est digne de confiance (il répondra sans doute que oui) et voyez s'il connaît le produit, le distributeur, voire le producteur.

La date de péremption. Plus une huile est vieille, moins elle est bonne ; c'est mathématique. Vingt-quatre mois après la production, l'huile d'olive a perdu son goût et ses vertus thérapeutiques. Une huile est au meilleur de sa fraîcheur au cours des six premiers mois en bouteille. Elle raclera bien la gorge, car les phénols seront actifs. Sachez que ce piquant est un aspect positif et qu'il protège les artères. Si vous n'aimez pas une huile trop piquante, remisez-la quelques semaines et elle devrait s'adoucir.

L'origine. Si l'huile vient d'Europe, il y a de fortes chances pour qu'elle ait été contrôlée par un organisme de l'Union européenne qui oblige les producteurs à respecter un cahier des charges très strict (origine de l'huile, jour de cueillette, temps écoulé entre la récolte et l'embouteillage, etc.).

L'étiquette. Si l'étiquette de votre huile ne porte pas de sigle A.O.P., A.O.C., D.O.C., D.O.P., I.G.P. ou D.O. (appellations d'origine), vous n'avez aucune garantie quant à l'origine et à la qualité du produit. Les olives peuvent avoir été cueillies n'importe où et l'huile, embouteillée n'importe comment. En effet, le producteur peut mélanger des olives de régions ou de pays différents, ou couper son huile d'olive avec de l'huile de soja, de colza ou de tournesol – cette pratique se voit de plus en plus. Quant aux fameux sigles, par exemple A.O.C., ils sont parfaitement crédibles. En fait, il n'y a rien de plus sérieux dans le monde de la production de l'huile d'olive. Par ailleurs, bien que les États-Unis, l'Australie et la Nouvelle-Zélande produisent de très bonnes huiles, vous n'avez aucune garantie d'origine, seulement l'appréciation des spécialistes – quand ils savent ce qu'ils disent, bien entendu. Quant aux autres pays producteurs d'huile d'olive, comme ceux du Maghreb, le meilleur y côtoie le pire, souvent au sein d'une même entreprise.

CARACTÉRISTIQUES DES HUILES SELON LES VARIÉTÉS ET LE DEGRÉ DE MATURATION DES OLIVES

Huile douce: Arbequina, Ascolana, Empeltre, Sevillano, Picudo (Espagne); Kalamon (Grèce); Taggiasca, Maurino, Leccino, Pendolino (Italie).

Intensité Moyenne: Aglandau, Bouteillan, Barnéa (France); Hojiblanca, Fraga, Manzanilla (Espagne); Mission (Espagne et Californie), Frantoio et Casaliva (Italie)

Forte intensité: Chemlali (Afrique du Nord); Coratina, Moraiolo (Italie); Arbosana, Picual, Cornicabra (Espagne); Picholine (France); Koroneiki (Grèce).

LES ENNEMIS DE L'HUILE D'OLIVE

Ils sont au nombre de quatre. D'abord, ne conservez jamais l'huile dans une bouteille transparente et méfiez-vous des restaurants où l'on met de telles bouteilles, ouvertes ou mal fermées, sur chaque table. Gardez-vous aussi des huiles aromatisées à l'ail frais ou aux herbes dans lesquelles les bactéries dangereuses peuvent croître. Parfois, certains marchands sans scrupules ou simplement ignorants disposent leurs bouteilles sur des étals en plein soleil, pour la beauté de la chose, comme je l'ai vu en Tunisie, au Maroc, dans les marchés du Québec et parfois en Europe. N'achetez jamais ces huiles.

Le pire ennemi de l'huile d'olive est la lumière, surtout celle du soleil.

La chaleur est néfaste. En cuisine, une huile qui brûle devient inutilisable et presque empoisonnée. Il faut immédiatement la jeter et tout recommencer.

Le troisième ennemi de l'huile d'olive est plus insidieux: il s'agit de l'oxygène de l'air. L'huile conservée dans une bouteille qui n'est pas fermée hermétiquement s'oxydera rapidement.

Enfin, le contact permanent de l'huile avec le métal, par exemple un bidon, oxydera l'huile, la rendant rance et inconsommable.

UTILISATION DE L'HUILE CRUE

En lisant ces lignes, vous vous direz: «Ça y est, l'huile crue, c'est la mode!» Et parce que c'est la mode vous vous méfierez. Vous avez bien raison de vous méfier des modes, mais pas de l'huile crue. Il est vrai cependant que plusieurs chefs italiens et français considèrent presque comme une hérésie le fait de mettre de l'huile crue partout. Et ce n'est pas le but de ce livre ni des recettes qui suivent. Le but, c'est de vous habituer à utiliser l'huile d'olive de qualité comme un condiment. Pour agrémenter, enjoliver, accentuer, rehausser, compléter, soutenir un plat, des parfums, des saveurs. En utiliser sans discernement est aussi bête que de ne pas en utiliser du tout. Alors, comment le faire convenablement? D'abord en sachant marier les aliments aux huiles, les goûts herbacés avec les parfums qui vont les exalter. Par exemple, il ne faut pas mettre de l'huile de Toscane partout (elle est très ardente, très herbacée), dans toutes les soupes et tous les plats. Vous devez apprendre à faire des associations heureuses: des pois verts avec une huile verte; de la viande braisée avec une huile au fruité noir, au goût de champignon.

L'HUILE D'OLIVE DANS LES RECETTES MAISON ET DANS LA CUISINE PROFESSIONNELLE

Si l'on vous dit de ne pas utiliser une huile de qualité pour la cuisson, c'est parce que le goût de l'huile est altéré par la chaleur et que ses vertus gustatives se perdent. Alors, pourquoi payer trop cher une huile qu'on ne goûtera pas? La réponse est simple: c'est un choix de vie, comme me l'a expliqué le professeur Maurizio Serventi de l'Université de Pérouse, en Ombrie, une sommité de l'étude chimique et physiologique des olives. Il estime que les qualités organoleptiques (sans parler des effets thérapeutiques) d'une huile excellente ne devraient pas être assujetties aux coûts. Alors, comment faire? Examiner l'étiquette (rechercher le sigle D.O.P., par exemple), éviter les labels *Pure olive oil* ou *Bottled*, et investir un peu plus dans une bouteille: en dessous de douze dollars le litre, vous courez le risque de vous faire passer de l'huile trafiquée. Si certaines personnes affirment qu'il ne faut pas cuisiner l'huile à chaud, répondez-leur que les Méditerranéens le font depuis vingt siècles et que, jusqu'à nouvel ordre, leur condition physique est bien meilleure que celle des Nord-Américains et des populations de l'Europe du Nord. Après tout, ce n'est pas un hasard si le régime alimentaire méditerranéen, pauvre en graisse animale, est celui qui plaît dorénavant au plus grand nombre dans les pays occidentaux : cette alimentation assure la longévité, la bonne santé et même, si on accompagne ces mets de bons vins, l'allégresse – La *dolce vita*!

CARNETS D'ADRESSES

À Montréal :
- Olive & Olives, 1389 rue Laurier Est, (514) 526-8989 et au Marché Jean-Talon
- Le Fou Vrac, 1451, rue Laurier Est (514) 522-9993
- Aux Douceurs du Marché, 138 avenue Atwater (514) 939-3902
- Milano, 6862, boul. Saint-Laurent (514) 273-8558
- Latina, 85 rue Saint-Viateur Ouest (514) 273-6561
- Le Petit Milos, 5551, avenue du Parc (514) 274-9991
- Diabolissimo, 1256, avenue du Mont-Royal Est (514) 528-6133

À Québec :
- L'Épicerie Européenne, 560, rue Saint-Jean (418) 529-4847
- Pâtes-à-tout, 2500, chemin des Quatre-Bourgeois, Sainte-Foy (418) 651-8284
- Pasta-Fina, 3314, chemin Sainte-Foy, Sainte-Foy (418) 658-9189
- Aux Petits Oignons, 45 Avenue Bégin, Lévis (418) 835-1816

À Ottawa-Gatineau :
- La Bottega, 64 Georges Street, Byward Market, Ottawa (613) 789-7575
- Il Negozio, 1355 Wellington Street, Ottawa (613) 729-9100
- Pastina, 355, boul. Gréber, Gatineau (819) 243-0546

À Toronto :
- Pusateri's Fine Foods, 1539 Road Avenue, North York (416) 785-9100
- Pusateri's, 497 Church Street (416) 923-2043
- Cheese Boutique & Delicatessen, 45 Ripley Avenue (416) 762-6292

À Vancouver :
- La Grotta Del Formaggio, 1791 Commercial Drive (604) 255-3911

À Paris :
- La Grande Épicerie de Paris, 38, rue de Sèvres, 75007, 01 44 38 81 00
- Boutique O & Co, 90, rue Montorgueil, 75002, 01 44 82 62 28
- Pasta Luna, 15, rue de Mézières, 75006, 01 45 44 32 02
- Maison de l'olive, 3, rue Ampère, 75017 01 47 66 55 13
- Olive Oil Company, 216, rue de Charenton, 75012 01 43 42 59 81

À Milano :
Pecks, via Spadari 7-9, 02-802-31-61

À Genève :
- Cave S.A., 5, cour des Bastions (1205 Genève) 022/354.2020
- Oliviers & Co, 8, place du Bourg-de-Four, (1204 Genève) 033/310.5164

À Rome :
- Enoteca Apicius, Via Giulia, 86, (00186, Roma) 06/6821-7952

Mes huiles d'olive préférées
MES COUPS DE CŒUR

Espagne
- Fuente Baena (Baena)
- San Leandro Bio (Cordoue)
- Valdesas monovarietal – Picual, Arbequina, Manzanilla ou Hojiblanca (Málaga)
- Nectar (Baena)
- Torre Real, Torres (Penedès)
- Lérida, **D.O.**
- Nuñez de Prado, **D.O.** (Baena)

Italie
- Goccia di sole, **D.O.P.** Terra di Bari (Pouilles)
- Galantino, **D.O.P.** Terra di Bari Castel del Monte (Pouilles)
- Frantoio Valtenesi, Garda Bresciano, **D.O.P.** Lago di Garda (Lombardie)
- Castello di Cacchiano, **D.O.P.** Chianti Classico (Toscane)
- Ogghiu, **D.O.P.** Valli Trapanesi (Sicile)
- Badia a Coltibuono, Chianti (Toscane)
- Flos Viridis, Il Poderetto (Ombrie)
- Planeta (Sicile)
- Pala (Sardaigne)
- Colonna (Molise)

Grèce
- Sitia 0.3, **A.O.C.** (Crète)
- Domaine Agrilia
- Elea

France
- Aglandau, Château Virant, **A.O.C.**
- Moulin Saint-Michel, **A.O.C.**

Portugal
- Quinta Da Urze, **D.O.P.** (Carm)

Argentine
- Trianna, La Rioja

Tunisie
- Moulins Mahjoub

Australie
- Cobram Estate
- Dandaragan Estate

Nouvelle-Zélande
- Serendipity (variété Barnea)

Israël
- Huile de Galilée (variété souri) commercialisée par LMO, France

RECETTES D'AUTOMNE

L'automne, dans les pays producteurs d'huile d'olive (sauf les pays de l'hémisphère sud, l'Australie, la Nouvelle-Zélande et l'Argentine), c'est la récolte des olives et la production d'huile primeur (parfois baptisée *Primolio* en italien) et le moment où les huiles sont à leur meilleur puisque plus fraîches. Profitez-en et utilisez-les pour des plats frais comme des salades de légumineuses ou encore sur des légumes automnaux. L'important est vraiment d'utiliser l'huile crue. Gardez vos huiles plus vieilles pour les plats sauciers ou pour la cuisine tout simplement. À mesure qu'une huile vieillit, elle perd ses qualités organoleptiques – de goût donc – mais ça reste une huile et c'est donc excellent pour la cuisson et même la friture. Parlez-en aux Espagnols !

Bahmia b'zeit

4 portions (*Okras à l'huile*)

PRÉPARATION

Ces légumes, qu'on nomme parfois « doigts de dame », « okras » ou « gombos », sont les mal-aimés du placard à légumes. Erreur, car ils sont faciles à préparer et ont beaucoup de goût. Avec un peu de soin dans la préparation, vous éviterez le désagréable effet « visqueux », le liquide qui s'échappe inévitablement du légume s'il est trop ou mal coupé. Voici une recette de la Libanaise Christine Faroud, chef et propriétaire du restaurant Aux Lilas *à Montréal, certainement l'une des meilleures tables en son genre sur le continent. Cette exquise ratatouille exotique fait partie du répertoire des plats d'enfance du chef et devrait idéalement être préparée une journée à l'avance.*

- Mettre une bonne quantité d'huile à chauffer dans un poêlon, ajouter les okras et cuire environ 5 min, jusqu'à ce qu'ils soient légèrement colorés. Retirer de l'huile et réserver.
- Ajouter les oignons et l'ail, laisser revenir environ 5 min. Ajouter les tomates et faire colorer. Remettre les okras avec les oignons et les tomates, ajouter les épices, saler et poivrer. Laisser cuire quelques minutes avant d'ajouter la mélasse de grenadine, bien mélanger et laisser reposer à feu éteint. Servir tiède ou froid. D'ailleurs, selon Christine, les préparations à l'huile sont toujours meilleures le lendemain. Ce plat fait en moins de 15 min est une explosion de parfums, et plus votre huile, vos légumes et votre sel seront de BONNE qualité, meilleurs seront les résultats.

INGRÉDIENTS

- 60 ml (1/4 tasse) d'huile d'olive extravierge au goût robuste du genre fruité intense
- 390 g (13 oz) d'okras (la variété miniature est meilleure et n'est souvent disponible que congelée ; le cas échéant, couper les okras frais en morceaux d'environ 2,5 cm/1 po)
- 2 oignons, hachés
- 2 gousses d'ail, émincées
- 5 tomates italiennes à peau épaisse, pelées et hachées grossièrement
- 1 c. à café (1 c. à thé) de coriandre moulue
- Une pincée de cumin moulu
- 1 c. à café (1 c. à thé) de mélasse de grenadine non sucrée
- Sel et poivre

Macaronis ou rigatonis aux fèves et à la feta poivrée

(Makaronia me freska koukia kai kopanisti) **4 à 6 portions**

INGRÉDIENTS

- Environ 1 kg (4 tasses) de fèves fraîches, pelées ou, à la rigueur, de haricots borlotti ou autres variétés fraîches
- 5 tomates ou 120 g (½ tasse) de type San Marzanon, pelées, épépinées et coupées en morceaux
- 3 gousses d'ail, émincées
- 2 c. à soupe de menthe fraîche
- 125 ml (½ tasse) d'huile d'olive extravierge
- Sel marin et poivre
- 1 paquet de 500 g (1 lb) de rigatonis ou de gros macaronis
- 100 g (½ tasse) de kopanisti

KOPANISTI

- 240 g (8 oz) de feta grecque, émiettée
- Le jus d'un demi-citron
- 3 à 4 c. à soupe d'huile d'olive extravierge
- Poivre noir

PRÉPARATION

Les Grecs sont fous des pâtes, mais oui. Et ils les préparent de manière plutôt différente des Italiens. Disons que les Romains et les Grecs ont frayé ensemble pas mal d'années pour qu'il y ait eu emprunts ici et là, des us, des assaisonnements, des techniques et des parfums. En outre, la République de Venise a colonisé plusieurs îles grecques partout dans la mer Égée et le long des côtes. Faut-il donc se surprendre que la pasta, baptisée ici makaronia, ***se soit implantée avec enthousiasme ? Voici une recette automnale très simple et très satisfaisante dont mes amis raffolent.***

- Amener à ébullition une casserole d'eau légèrement salée et faire blanchir les fèves environ 8 à 9 min. Retirer, égoutter et laisser tiédir. Si on utilise des haricots *borlotti,* il faudra cependant compter au moins 18 min de cuisson.
- Mettre ensemble les fèves, les tomates, l'ail, la menthe et 60 ml (¼ tasse) d'huile. Saler, poivrer et bien mélanger. Laisser reposer au moins 1 h afin que les parfums se mélangent bien.
- Faire cuire les pâtes dans beaucoup d'eau bien salée, jusqu'à ce qu'elles soient « réellement » *al dente,* c'est-à-dire pas plus de 8 min. Une fois cuites, retirer du feu et mélanger avec 60 ml (¼ tasse) d'huile d'olive crue, ou plus selon le goût. Diviser les pâtes également dans les assiettes et déposer sur chacune une bonne quantité du mélange de tomates et de haricots. Coiffer d'une cuillerée de kopanisti et servir bien chaud.

KOPANISTI

- Mettre tous les ingrédients dans un robot de cuisine et pulser de 2 à 4 min, jusqu'à ce que tout soit crémeux. Rectifier l'assaisonnement.

Pappardelle ai porcini

4 portions

PRÉPARATION

INGRÉDIENTS

- 240 g (8 oz) de porcinis frais (ou surgelés, mais surtout pas secs), en tranches
- 2 c. à soupe et plus d'huile d'olive extravierge au goût plutôt rustique (fruttato intenso)
- 4 gousses d'ail, dégermées
- 1/2 botte de persil, finement ciselé
- 1 boîte de pappardelle DeCecco (environ 120 g/4 oz par personne pour un plat principal ou 90 g/3 oz pour une entrée)

Tony DeRose, chef du restaurant Il Mulino *de Montréal, connaît la technique des pâtes comme le fond de sa poche. Il faut le voir préparer les porcinis, la variété de bolets la plus appréciée en Italie l'automne venu. Il faut aussi voir son regard s'allumer quand on lui fait remarquer que sa cuisine est largement végétarienne - car il ne s'en était jamais vraiment rendu compte. En voici un excellent aperçu où les ingrédients et la rapidité avec laquelle on fait ce plat ne manqueront pas de vous éblouir. Simple. Élégant. Et grandement amélioré avec une huile d'olive au goût rustique.*

• Faire sauter les tranches de porcinis environ 10 min dans une grande poêle antiadhésive, dans 2 c. à soupe d'huile, à feu moyen. Il ne faut pas s'inquiéter : les porcinis, contrairement aux champignons communs, ne rejettent presque pas d'eau s'ils ont suffisamment de place dans la poêle pour caraméliser. Ajouter l'ail et le persil et laisser rissoler encore 3 à 4 min. Retirer du feu, mais garder au chaud.

• Pendant ce temps, l'eau bien salée pour les pâtes aura bouilli (à raison de 3 litres/12 tasses pour 90 g/3 oz de pâtes). Ajouter les pâtes et laisser cuire environ 10 à 12 min ou selon les indications sur l'emballage. Bien égoutter et réserver une bonne tasse de l'eau de cuisson.

• Faire sauter les pâtes dans le poêlon avec les champignons, ajouter 2 à 3 c. à soupe d'huile crue et bien mélanger. *Ne pas poivrer.* Ajouter quelques gouttes d'eau de cuisson des pâtes pour garder un peu de bouillon au fond des soupières. Servir dans des assiettes creuses. On peut saupoudrer de Parmigiano Reggiano ou de bon Grana Padano, mais ce n'est pas forcément nécessaire et le chef préfère sans.

Poulet aux pommes de terre et au romarin cuit à la poêle

4 portions

INGRÉDIENTS

- 2 c. à soupe de romarin frais, haché
- 1 gousse d'ail, émincée finement
- 80 ml (1/3 tasse) d'huile d'olive extravierge au goût corsé
- 1 poulet (fermier de préférence) d'environ 2 kg (4 à 5 lb), coupé en huit morceaux
- Sel marin et poivre
- 250 à 375 ml (1 à 1 1/2 tasse) de vin blanc
- 3 grosses pommes de terre à bouillir, pelées et coupées en gros dés

PRÉPARATION

Cette recette est assez typique de la province italienne de l'Émilie-Romagne où l'on fait le Parmigiano Reggiano, le meilleur prosciutto d'Italie et le vinaigre balsamique, bref la province gourmande par excellence. Bien que l'on mange beaucoup de viande dans ces régions, et cela depuis l'Antiquité, j'ai été surpris de rencontrer ce plat à plusieurs endroits lors de mon dernier passage. C'est que, avant l'invention et surtout la diffusion des fours modernes, toute la cuisine italienne se faisait sur le feu direct. D'où cette recette où le poulet, coupé en morceaux, garde une moiteur étonnante. Cette version provient d'une toute petite trattoria dans la campagne parmesane où j'ai passé une soirée plus que mémorable. Entre autres choses à cause de ce plat.

- Dans un bol, mettre le romarin, l'ail et 2 c. à soupe d'huile. Ajouter le poulet, saler et bien poivrer. Mélanger afin que tous les morceaux soient bien enrobés de ce mélange. Couvrir et réfrigérer quelques heures ou toute la nuit.
- Faire chauffer le reste de l'huile à feu moyen dans un grand poêlon pour accommoder tous les morceaux de poulet confortablement. Une fois l'huile chaude, faire brunir le poulet sur toutes les faces (compter environ 10 min). Déglacer avec le vin. Une fois le vin évaporé de moitié, réduire la chaleur et couvrir. Laisser mijoter lentement pendant 15 min.
- Ajouter ensuite les pommes de terre, couvrir partiellement et laisser cuire de 20 à 25 min en nappant occasionnellement de jus les morceaux de poulet. Si le jus venait à réduire un peu trop, ajouter un peu d'eau.

Haricots de Lima géants au four

4 portions

PRÉPARATION

Ce plat grec est à la fois nourrissant et affriolant. Des qualités que l'on recherche habituellement le froid venu. Vous pouvez en faire le plat principal d'un repas végétarien ou le servir en accompagnement d'un gigot d'agneau rôti aux herbes ou toute autre forme de ragoût. Si vous trouvez que la quantité d'huile est ahurissante, vous pouvez couper de moitié sans que le goût n'en souffre. Ce sera moins riche et surtout… moins authentiquement grec.

- Faire tremper les haricots secs dans une grande quantité d'eau froide 8 h au minimum ou toute la nuit.
- Faire cuire les haricots secs dans une grande quantité d'eau non salée (le sel fait durcir et empêche les haricots de cuire correctement) pendant 30 min ou plus selon l'âge des haricots.
- Chauffer l'huile dans un poêlon. Faire blondir les oignons et l'ail environ 4 à 5 min à feu moyen. Ajouter le céleri, la tomate hachée, le concentré de tomates, les épices, le jus de citron et le sucre. Saler et poivrer. Couvrir, réduire la chaleur et laisser mijoter environ 20 min.
- Mettre les haricots dans un plat allant au four et verser la sauce dessus. Décorer avec les tranches de tomate. Saupoudrer de sel et de poivre et laisser cuire de 30 à 40 min à 180 °C (350 °F). Au moment de servir, saupoudrer de persil ou, mieux encore, d'un peu d'aneth. Verser un filet d'huile d'olive crue sur chaque portion.

INGRÉDIENTS

- 440 g (2 tasses) de haricots géants secs (de type haricots d'Espagne ou de Lima)
- 125 à 175 ml (1/2 à 3/4 tasse) d'huile d'olive extravierge
- 2 oignons, finement émincés
- 2 gousses d'ail, écrasées et hachées
- 1 petit pied de céleri, haché finement
- 1 tomate mûre, épépinée et hachée
- 1 c. à soupe de concentré de tomates ou de pâte de tomates de bonne qualité, dilué dans un peu d'eau froide
- 1 c. à soupe d'origan séché
- 1/2 c. à café (1/2 c. à thé) de cumin, réduit en poudre au mortier
- Un peu de jus de citron
- 1 c. à café (1 c. à thé) de sucre
- Sel marin et poivre
- 1 tomate, en tranches fines
- Aneth ou persil frais, haché

Htipiti

(*Purée de poivrons rouges et de feta*) 4 portions

INGRÉDIENTS

- 240 g (8 oz) de fromage feta, émietté
- 3 c. à soupe d'huile d'olive grecque bien verte, de Macédoine par exemple
- 1 ou 2 poivrons rouges, épépinés, grillés au four et la peau retirée ou 2 poivrons rouges marinés, coupés assez finement
- 1 petit piment rouge sec, épépiné, émietté ou ½ c. à café (½ c. à thé) de poivre de Cayenne
- 2 c. à café (2 c. à thé) d'origan
- Poivre frais
- 1 c. à café (1 c. à thé) de jus de citron frais
- 1 petite tomate, épépinée et/ou 1 gousse d'ail, écrasée (facultatif)
- Quelques olives noires, complètes ou coupées en petites tranches

PRÉPARATION

Comme tout ce que font les Grecs en cuisine, ce plat est d'une élégante simplicité. Déjà le mot htipiti, *qui signifie « battu », suffit à donner une idée du résultat : il s'agit de fromage feta, traditionnellement battu au mortier (et aujourd'hui au robot de cuisine), et aromatisé avec une variété de poivron rouge appelé tsouskes dont le goût est un peu sucré et un peu piquant. On peut utiliser n'importe quel poivron (pourvu qu'on évite absolument le vert, immature et amer) et on peut ajouter un peu de tomates, une pointe d'ail, même des oignons comme on le fait dans d'autres versions régionales de cette recette. Je n'ai qu'à en manger une cuillerée sur un pita un peu moite pour me rappeler instantanément mon premier voyage dans les Cyclades, sur l'île de Naxos, avec mes deux amis Yves et José, quand nous n'avions que 18 ans. La bouffe quand même !*

- Dans un bol, bien émietter la feta avec un pilon à pommes de terre par exemple, ou une fourchette si vous en avez la patience. Verser lentement l'huile, ajouter les poivrons, le piment ou le poivre de Cayenne, l'origan, et le poivre en alternant avec un peu de jus de citron. Ajouter la petite tomate et/ou l'ail. Alternativement on peut tout passer au robot de cuisine, en pulsant délicatement jusqu'à ce que le tout fasse une masse assez onctueuse. On peut ajuster la quantité d'huile ou de jus de citron selon le goût. C'est ce que font les Grecs. Il faut se rappeler que le temps de malaxage est important, car plus on bat la feta, plus elle aura un petit goût acidulé, ce que recherchent les habitants de la Macédoine, d'où est originaire cette version.
- Servir de manière informelle, avec un panier de feta bien fraîche. Décorer d'olives noires et d'un filet d'huile d'olive.

Lapin rôti comme le faisait ma grand-mère

4 portions

INGRÉDIENTS

- 1 lapin de 1,5 kg (3 lb), coupé en 5 morceaux
- 30 g (1 tasse) de romarin frais
- 30 g (1 tasse) de sauge fraîche
- 1 feuille de laurier
- 1 gousse d'ail, émincée
- Huile d'olive extravierge au goût robuste
- Sel marin et poivre
- 60 g (2 oz) de pancetta, taillée en languettes
- 60 ml (¼ tasse) de vin blanc
- 30 g (1 oz) de beurre
- 15 olives
- 15 petites tomates de type pomodorini (en conserve, on les appelle souvent les tomates des collines)
- 125 ml (½ tasse) de bouillon de légumes ou de volaille

PRÉPARATION

Cette recette me fut donnée par Dario Ranza, le chef du restaurant de l'hôtel..., que dis-je, du palais Villa Principe Leopoldo *installé tout en haut de la colline surplombant la splendide ville de Lugano en Suisse italienne. Vous dire que ce plat est pour moi aussi beau et bon qu'un souvenir de ce coin du monde ne serait pas lui rendre justice. Il s'agit d'un hommage du chef à sa mère, à la cuisine italienne en général et à la nature, riche et bienveillante. J'exagère à peine.*

- Faire mariner les morceaux de lapin au moins 2 h avec les herbes, l'ail et une bonne rasade d'huile.
- Après ce temps, bien saler et poivrer les morceaux de lapin. Ensuite, faire rissoler la viande avec la marinade et la pancetta dans une braisière ou une lèchefrite allant au four. Couvrir et mettre au four à 135 °C (275 °F) en arrosant aux 10 min avec 1 c. à soupe de vin.
- Après 50 min de cuisson, enlever le couvercle et augmenter la chaleur à 180 °C (350 °F), ajouter le beurre et les herbes de la marinade. Laisser bien dorer le lapin encore 20 min en le tournant et en l'arrosant régulièrement avec son fond de cuisson. Une fois la cuisson terminée, retirer la viande et garder au chaud.
- Déglacer le fond de la braisière avec le reste du vin puis ajouter les olives et les pomodorini. Laisser réduire de moitié avec le bouillon de légumes. Remettre le lapin dans la sauce et servir avec de la polenta ou des pommes de terre nouvelles qui peuvent être ajoutées au lapin après 40 min de cuisson. On peut replacer les olives par des champignons sauvages, des cèpes ou des chanterelles s'ils sont en saison. Verser un filet d'huile d'olive sur chaque portion.

Soupe marocaine à la courge

4 portions

INGRÉDIENTS

- 1 kg (2 lb) de chair de courge d'hiver, peu importe la variété
- 2 litres (8 tasses) de lait ou de bouillon de volaille
- 4 c. à soupe de riz
- 2 c. à café (2 c. à thé) de sucre
- 2 c. à café (2 c. à thé) de cumin moulu
- 1 c. à café (1 c. à thé) de paprika ou de pimentón doux
- Sel marin et poivre
- 60 ml (1/4 tasse) de crème
- Persil frais, haché
- Huile d'olive extravierge

PRÉPARATION

Comme la plupart des plats de la cuisine marocaine, on utilise des épices et de l'huile d'olive qu'on ajoute en fin de cuisson ou au moment de servir comme dans les autres cuisines de la Méditerranée. Il est donc important, pour que cette soupe ait un intérêt, d'utiliser une excellente huile d'olive au goût fruité et robuste.

- Mettre la chair de la courge dans un poêlon, couvrir d'eau ou de bouillon et faire mijoter 20 min, jusqu'à ce que la chair soit complètement cuite. Vider l'eau et passer la chair de courge au moulin à légumes ou au robot de cuisine en pulsant lentement.
- Pendant ce temps, faire bouillir le lait ou le bouillon avec le riz, le sucre et les épices. Saler au goût. Ajouter la chair de courge et laisser cuire de 20 à 25 min à feu moyen. Ajouter la crème en fin de cuisson. Servir dans des bols, saupoudrer sur chacun du persil et verser un filet d'huile.

Polenta e salciccia al Parmigiano Reggiano

4 portions

PRÉPARATION

Ce plat réconfortant se fait en deux temps, trois mouvements et, franchement, en cuisine rien ne donne plus de satisfaction que sa préparation : économique, rapide et absolument splendide. N'hésitez pas à le présenter pendant un repas de luxe, en Italie c'est chose courante. Je le tiens de Peppino Perri, chef propriétaire du restaurant Pronto *qui m'a si gentiment offert cette recette devant un bon verre de sangiovese.*

- Porter à ébullition 1 litre (4 tasses) d'eau salée et le laurier, avec un peu d'huile. Ajouter doucement en pluie la farine de maïs en remuant vigoureusement au fouet à chaque addition. Laisser cuire 30 min en remuant souvent. En fin de la cuisson – ou 5 min avant la fin –, ajouter la moitié du Parmigiano Reggiano.
- Pendant ce temps, faire la sauce : Faire revenir les saucisses coupées dans l'huile pendant 10 min. Ajouter les oignons, les fines herbes et faire sauter quelques instants. Déglacer au vin blanc et ajouter les tomates. Saler et poivrer. Faire réduire à feu doux environ 10 min.
- Sur chaque assiette, mettre un peu de polenta coulante et bien chaude. Verser un peu de sauce sur le dessus et saupoudrer avec le reste de fromage. Nappez d'un filet d'huile.
- On peut faire un plat entièrement végétarien si l'idée de la saucisse ne nous sourit pas. Remplacer celles-ci par des asperges, des rapinis ou des artichauts quand ils sont en saison.

INGRÉDIENTS

- 1 feuille de laurier
- 125 ml (1/2 tasse) d'huile d'olive extravierge (en conserver une partie pour la sauce)
- 250 g (1 2/3 tasse) de farine de maïs
- 240 g (2 tasses) de Parmigiano Reggiano

SAUCE

- 4 saucisses italiennes pimentées ou non, en morceaux
- 90 g (1/2 tasse) d'oignons, finement émincés
- Romarin et basilic frais
- 125 ml (1/2 tasse) de vin blanc
- 200 g (1 tasse) de tomates, en cubes
- Sel marin et poivre

Salade d'orange, de romaine et de noix

4 portions

INGRÉDIENTS

- 1 pomme de laitue (romaine de préférence), lavée et essorée
- 3 oranges
- 2 c. à soupe de jus de citron frais
- 2 c. à soupe de sucre de canne
- Sel marin
- 1/2 c. à café (1/2 c. à thé) de cannelle moulue
- 1 c. à soupe d'eau de fleur d'oranger
- 75 g (3/4 tasse) de noix hachées, grillées légèrement ou non
- Huile d'olive extravierge, fruitée ou légère

PRÉPARATION

Cette salade d'origine marocaine m'a été inspirée par un livre de la journaliste américaine Paula Wolfert, qui a habité à Tanger pendant presque vingt ans et y a écrit l'un des meilleurs livres de cuisine sur le sujet. J'ai voyagé en Tunisie avec cette grande dame qui m'a aussi donné des leçons de cuisine et de culture maghrébine et m'a permis de comprendre de l'intérieur une cuisine souvent privée, surtout réservée aux femmes. Je me rappelle m'être fait expliquer tous les secrets de la semoule dans un champ d'olivier dans lequel on avait rapidement mis une table et installé quelques chaises, au sud de l'île de Djerba. Mais c'est une phrase d'elle qui m'est restée en tête depuis : « Il est impossible de rater un plat quand on commence avec de bons produits. » Appliquez cette règle à cette salade quand les oranges sont en saison, à la fin de l'automne et au début de l'hiver.

- Conserver la laitue au réfrigérateur avant l'utilisation afin qu'elle reste croustillante. Peler à vif les oranges avec un petit couteau après avoir retiré la peau. Une fois les segments d'oranges retirés, presser le reste du jus dans un bol.

- Faire la vinaigrette en combinant 2 c. à soupe du jus des oranges pressées, le jus de citron, le sucre, le sel, la cannelle et l'eau de fleur d'oranger.

- Mettre la laitue dans une grande assiette, verser la vinaigrette et mélanger bien afin que toutes les feuilles en soient nappées. Déposer les segments d'oranges sur la laitue, saupoudrer de noix et, au moment de servir, verser un filet d'huile sur chaque assiette.

Rapinis sautés à l'ail au pecorino romano

4 portions

INGRÉDIENTS

- 1 kg (2 lb) de rapinis, nettoyés, coupés en morceaux moyens et les tiges coupées légèrement
- 60 ml (¼ tasse) d'huile d'olive extravierge assez intense, sicilienne par exemple
- 5 gousses d'ail, émincées
- Sel et poivre
- 6 c. à soupe de pecorino romano DOP (ou, à défaut, de Canestrato calabrais), râpé

PRÉPARATION

Je sais, je sais. Ce plat est assez commun chez les Italiens du sud et tous les livres de cuisine le mentionnent. Mais c'est un tel délice et je me suis rendu compte que la plupart des livres en français sur la cuisine italienne ne le mentionnent pas. J'ai donc décidé de le rafraîchir un brin en modifiant quelque peu la recette de base. L'esprit y est toujours bien sûr, mais le goût est amélioré à mon avis. Rappelez-vous que le mordant, l'amertume, est nécessaire à ce plat. Si vous ne pouvez absolument pas tolérer l'amertume - et ce serait dommage - vous n'avez qu'à blanchir le rapini un peu plus longtemps que ce que je recommande.

- Faire blanchir les rapinis dans beaucoup d'eau salée : 2 min si on les aime avec un petit mordant amer et au moins le double pour l'éliminer. Rincer ensuite sous l'eau froide pour arrêter la cuisson. Bien égoutter.
- Faire chauffer l'huile dans un poêlon où les morceaux de rapini seront à l'aise. Ajouter l'ail et laisser cuire à feu moyen environ 1 min. Ajouter les rapinis et faire sauter environ 4 min. Saler et bien poivrer. En finale, verser un mince filet d'huile d'olive de très grande qualité (sinon, ne pas en ajouter). Retirer du feu et saupoudrer de pecorino romano.

NOTE : On peut ajouter les rapinis cuits à un plat de pâtes – des orrechiettes habituellement – et mouiller avec un peu de bouillon très chaud. On peut aussi mêler les restes de ce plat avec des œufs et les faire cuire en frittata ou en omelette.

Risotto aux betteraves, à la sauce au spumante et au Parmigiano Reggiano

4 portions

INGRÉDIENTS

- Le jus de 4 betteraves, fraîchement extrait à l'extracteur à jus
- 45 g (1 ½ oz) de beurre demi-sel ou non salé
- 240 g (8 oz) de riz carnaroli
- 250 ml (1 tasse) de spumante Franciacorta
- Eau bouillante, assez pour couvrir le riz
- 2 c. à soupe de Parmigiano Reggiano, fraîchement râpé
- Huile d'olive extravierge du lac de Garde

SAUCE

- 2 échalotes françaises, émincées
- 1 bouteille de spumante Franciacorta ou tout autre mousseux sec de qualité
- 100 ml (⅓ à ½ tasse) de crème double (35 %)
- 60 g (2 oz) de beurre
- 3 c. à soupe de Parmigiano Reggiano

PRÉPARATION

Le milanais Gualtiero Marchesi est une star incontestée en Italie et aussi en Europe où il est reconnu pour avoir dépoussiéré la nature rustique de la cuisine ménagère italienne. Ses recettes sont loin d'être simples mais parfois, comme c'est le cas ici avec ce risotto, l'effort vaut largement le résultat. Vous pourriez remplacer le spumante Franciacorta par un bon vin mousseux lombard ou même italien de préférence, mais à défaut français ou espagnol, sans dénaturer le résultat. Quoi qu'il en soit, ce risotto me fut inspiré par le séjour que j'ai fait à Erbusco où se trouve l'auberge qui abrite son restaurant, et par la conversation élégante et amicale que nous avons eue ensemble jusqu'aux petites heures de la nuit.

• Faire chauffer le jus de betteraves dans un petit poêlon. Laisser réduire de moitié à feu moyen.

POUR LA SAUCE : Faire cuire les échalotes dans la bouteille de spumante et laisser réduire de moitié. Ajouter la crème et laisser réduire de nouveau de moitié. Retirer du feu et ajouter le beurre et le Parmigiano Reggiano. Passer au tamis fin.

POUR LE RISOTTO : Faire fondre 20 g (⅔ oz) de beurre (alternativement on peut utiliser un mélange à moitié d'huile d'olive et de beurre) dans une sauteuse à fond épais, augmenter la chaleur, ajouter le riz et laisser les grains de riz se couvrir du gras, environ 1 à 2 min.

• Verser le verre de spumante et laisser l'alcool s'évaporer, toujours à feu vif. Laisser cuire un peu et ajouter un peu de l'eau bouillante ou du bouillon de légumes léger et réduire la chaleur. Laisser évaporer un peu et rajouter de l'eau, louche par louche et faire cuire à feu doux, jusqu'à ce que le risotto soit cuit mais encore croquant sous la dent (un maximum de 15 min en tout). Vérifier l'assaisonnement en sel. Retirer du feu et ajouter le beurre restant et le Parmigiano Reggiano afin de bien « *mantecare* » le risotto (l'émulsionner au beurre). Ajouter ensuite le jus de betteraves réduit, mélanger bien et servir dans des assiettes creuses. Décorer d'un trait de la sauce crémeuse au Franciacorta et d'un trait d'huile d'olive du lac de Garde sur chaque portion.

Crevettes à l'ail confit

4 portions *(Gambes amb all confit)*

Je tiens cette recette, assez typique des pays catalans, qui provient pourtant du Roussillon, en France, où j'étais allé en reportage. C'est une sorte de variation sur le thème du sauté et on ne sait trop si la recette est vraiment espagnole à cause de l'ail ou française à cause de la crème, mais, peut-être à l'image de la Catalogne, un compromis entre les deux cultures. Certains diraient une rencontre !

Ingrédients

- 2 têtes d'ail entières, détachées mais non pelées
- Huile d'olive extravierge, particulièrement la Siurana DO de Catalogne
- 15 à 20 crevettes entières assez grosses, décortiquées (4 ou 5 par personne)
- 500 ml (2 tasses) de crème double (35 %)
- Sel marin et poivre du moulin

Préparation

- Faire cuire l'ail dans un plat allant au four avec un peu d'huile environ 30 min à 200 °C (400 °F). Il faut que l'ail soit tendre mais non crémeux. Retirer du four et laisser refroidir. Enlever les peaux et conserver une gousse entière pour chaque crevette. Écraser le reste à la fourchette.
- Enlever les têtes des crevettes et les mettre dans un poêlon avec la crème et l'ail écrasé. La quantité d'ail dépendra de votre tolérance à ce goût. Une fois cuit, l'ail se digère mieux et ne gâchera pas votre haleine comme le ferait de l'ail cru. Porter lentement à ébullition et laisser mijoter jusqu'à ce que la sauce réduise de moitié. Passer cette sauce au tamis et remettre dans le poêlon, rectifier l'assaisonnement. Garder au chaud sans bouillir.
- Faire sauter les crevettes lentement dans un peu d'huile, jusqu'à ce qu'elles soient bien colorées, mais pas brunies.
- Sur chacune des quatre assiettes, disposer les crevettes en cercle, en les séparant avec une gousse d'ail confit. Napper légèrement de sauce et d'un petit filet d'huile d'olive. Servir avec du pain croustillant.

RECETTES D'HIVER

C'est pendant l'hiver que l'huile d'olive a le goût le plus fruité, le plus frais et aussi, parfois, le plus piquant. Car c'est tard en automne et tôt en hiver – selon les régions bien entendu – que l'on extrait et que l'on embouteille l'huile des fruits. Quand une huile est toute jeune en Italie, on la dit *primolio,* de primeur. Et c'est toute une occasion de célébrer. Du reste, traditionnellement, dans les régions pauvres de la Méditerranée, c'est une richesse que l'on avait à profusion à cette époque de l'année. Matin et soir, on en met donc partout, sur le pain, les tartines, et tous les plats d'hiver sont libéralement nappés d'huile juste avant d'être présentés. Et c'est exactement ce que je vous recommande de faire.

Joues de veau braisées

2 portions

INGRÉDIENTS

- 6 joues de veau de lait
- Sel et poivre
- Farine
- Huile d'olive pour la préparation des joues de veau
- ½ oignon, haché finement
- 1 branche de céleri, hachée finement
- 1 carotte, hachée finement
- Vin blanc
- 3 feuilles de laurier
- 3 clous de girofle
- 500 ml (2 tasses) de fond de volaille
- 2 verres de vin rouge
- 250 ml (1 tasse) de sauce tomate
- Huile d'olive extravierge de Chianti Classico de la maison Castel in villa

PRÉPARATION

Voici une recette de Graziella Battista, propriétaire du restaurant Il Sole *à Montréal. Depuis plus d'une dizaine d'années, elle et son mari participent au renouvellement de cette cuisine élégante et simple du répertoire bourgeois italien. Une cuisine qui a contribué à sa réputation de défenseur des meilleurs produits, entre autres de plusieurs excellentes huiles d'olive toscanes. Graziella préfère l'huile Chianti Classico de la maison Castel in villa à cause son goût un peu poivré, assez typique des huiles toscanes, qui complète bien le veau.*

POUR LA PRÉPARATION DES JOUES DE VEAU

- Enlever le gras et la peau autour des joues.
- Assaisonner avec le sel et le poivre.
- Rouler les joues dans la farine puis les saisir au poêlon 2 min.
- Laisser reposer et égoutter.

MIREPOIX

- Faire revenir les oignons, le céleri et les carottes dans un poêlon avec du sel et du poivre.
- Déglacer au vin blanc.

POUR BRAISER LES JOUES DE VEAU

- Mettre la mirepoix au fond d'une cocotte et aligner les joues sur la préparation. Ajouter le laurier, les clous de girofle, le fond de volaille, le vin rouge et la sauce tomate. S'assurer que les joues sont couvertes par le liquide. Couvrir la cocotte et cuire 2 h à feu doux.
- Tourner les joues après 1 h de cuisson.
- Quand la cuisson est terminée, récupérer le jus de cuisson et le passer dans un mélangeur pour faire la sauce.
- Dresser dans une grande assiette creuse les joues, accompagner d'une garniture de polenta molle ou de légumes de saison. Napper les joues avec la sauce et terminer avec un trait d'huile.

Filet de porc rôti à la vanille et à l'orange

4 portions

PRÉPARATION

Cette recette m'a été communiquée par une jeune cuisinière bolognaise en stage à New York, où j'étais moi-même de passage. Après l'avoir goûtée chez des amis, je l'ai reproduite à plusieurs reprises en me rendant à l'évidence : je ne me rappelais plus le nom de celle qui en était à l'origine. Bon ! Au moins j'honore son imagination en reproduisant la recette telle quelle, c'est déjà ça.

- Préchauffer le four à 200 °C (400 °F). Assaisonner le filet de porc avec le sel, le poivre et le fenouil. Laisser reposer au moins 2 h au réfrigérateur. Saisir ensuite la viande dans l'huile préalablement chauffée. Ajouter les tomates.
- Remettre le porc dans le poêlon et terminer la cuisson au four de 10 à 12 min.

SAUCE

- Faire suer les oignons à feu doux dans l'huile environ 10 min, sans colorer. Ajouter tous les autres ingrédients et laisser mijoter environ 8 min. Passer au chinois ou au tamis et réserver au chaud.

PURÉE DE PATATES ET DE PANAIS

- Faire sauter les dés de patate et de panais de 4 à 5 min dans l'huile légèrement chauffée. Ajouter juste assez d'eau (ou de bouillon de volaille) pour couvrir les légumes et laisser mijoter de 8 à 10 min. Drainer l'eau et ajouter les autres ingrédients. Passer au moulin à légumes. Réserver.

FONDANT AU PANAIS

- Chauffer le beurre et faire suer les morceaux de panais de 5 à 6 min.
- Ajouter environ 80 ml (⅓ tasse) d'eau ou de bouillon et laisser cuire 8 à 10 min ou jusqu'à ce que les légumes soient cuits.

POUR SERVIR : Dans une grande assiette de présentation, napper la purée et coiffer du filet de porc qu'on aura coupé en tranches ou non. Garnir de panais et verser la sauce autour. Alternativement, monter chaque assiette de la même manière. Napper d'un léger filet d'huile d'olive australienne ou toscane au goût relevé et poivré.

INGRÉDIENTS

- 1 filet de porc de poids moyen
- Sel et poivre
- ½ c. à café (½ c. à thé) de graines de fenouil, écrasées au mortier
- 2 c. à soupe d'huile d'olive

SAUCE

- 1 oignon, émincé
- 2 c. à soupe d'huile d'olive extravierge
- Le zeste de deux oranges
- Le jus d'une orange
- 1 gousse de vanille, grattée
- 125 ml (½ tasse) de bouillon de volaille
- 1 verre de vin rouge
- 1 c. à café (1 c. à thé) de purée de tomates
- 1 c. à café (1 c. à thé) de sucre de canne
- 2 c. à soupe de crème

HACHIS DE PATATES DOUCES ET DE PANAIS

- 1 patate douce, pelée et coupée en dés
- 1 panais, pelé et coupé en dés
- 2 c. à soupe d'huile d'olive
- Un peu de beurre
- Coriandre fraîche, émincée
- 1 tomate, épépinée et hachée
- Sel et poivre

FONDANT DE PANAIS

- 1 panais, en tranches minces
- 60 g (2 oz) de beurre

Tortilla de patata

4 à 6 portions

INGRÉDIENTS

- Au moins 60 ml (¼ tasse) d'huile d'olive extravierge
- 1 à 2 gousses d'ail, émincées
- 1 oignon, émincé
- 4 à 5 tranches de jambon sec, de type prosciutto, en morceaux
- 6 à 7 pommes de terre blanches, en fines tranches
- 4 à 5 gros œufs, battus légèrement avec un peu d'eau
- Sel marin, poivre et un peu de pimentón (ou, à défaut, de piment d'Espelette ou de paprika)

PRÉPARATION

Je prédis que la cuisine espagnole sera la prochaine vague de fond méditerranéenne. Plus modeste que la cuisine italienne, plus riche et rustique aussi, c'est une cuisine de traditions, de sols pauvres et de climat arides, mais de produits assez exceptionnels. Grâce au génie des hommes bien sûr, mais aussi au soleil qui brille à longueur d'année, l'Espagne a développé une gastronomie originale et hétéroclite, baignée par l'huile d'olive littéralement, ce qui correspond bien à son tempérament et à celui de ses provinces. Et le vrai plat national espagnol, c'est la tortilla de patata, *dont les variantes sont presque aussi nombreuses que les* sevillanas. *Voici une version que je prépare depuis des années, et qui fait toujours plaisir à ceux qui la mangent. C'est un plat simple, nourrissant et immensément populaire. Tout le monde aime les patates, l'ail et le jambon. Comment résister ?*

- Faire d'abord chauffer de l'huile dans un poêlon en terre cuite, en inox ou en fonte. Ajouter l'ail, les oignons, le jambon et laisser cuire quelques minutes jusqu'à ce que les oignons deviennent transparents.
- Ajouter les tranches de pommes de terre superposées l'une sur l'autre en cercle sur le lit d'oignons et laisser cuire à feu doux environ 15 min à découvert, sans remuer.
- Ajouter les œufs lentement au milieu du mélange de pommes de terre afin qu'ils couvrent toute la surface du poêlon. Saupoudrer un peu de *pimentón* et laisser cuire encore 10 min ou jusqu'à ce que les œufs soient très légèrement baveux ou complètement cuits. Servir seul en entrée ou en plat, accompagné simplement d'une petite salade verte.

VARIANTES

- Après la cuisson des pommes de terre et avant d'ajouter les œufs, on peut ajouter des dés de poivrons rouges au mélange d'oignons, des cœurs d'artichauts en morceaux, des asperges ou n'importe quel légume.

Gasconnade

8 à 10 portions

Comme son nom l'indique, ce plat est assez typique du genre de cuisine que l'on fait dans le Sud-Ouest de la France, en Gascogne particulièrement, des rôtis hivernaux qui étaient autrefois placés devant la cheminée, dans l'âtre, et qui cuisaient toute la journée. De nos jours, on met au four et c'est bien mieux comme ça.

INGRÉDIENTS

- Un gigot d'agneau d'environ 2,3 kg (5 lb)
- Sel marin et poivre
- 3 grosses gousses d'ail, hachées finement
- 6 filets d'anchois, rincés et écrasés à la fourchette
- 3 c. à soupe d'huile d'olive extravierge
- 1 c. à soupe d'herbes fraîches, finement émincées
- 2 têtes d'ail contenant de 20 à 25 gousses chacune

BOUILLON

- 1 kg (2 lb) d'os d'agneau (ou de veau le cas échéant)
- 1 oignon, en quartiers
- 1 carotte, pelée et hachée
- 1 branche de céleri, hachée
- 1 feuille de laurier, quelques brindilles de persil, quelques brindilles de thym ou 1 c. à café (1 c. à thé) de thym séché

PRÉPARATION

- Préchauffer le four à 220 °C (425 °F). Préparer le gigot en dégageant l'os de la hanche (ou, mieux, faire parer par le boucher). Frotter le gigot avec un peu de sel et de poivre. Dans un bol, mélanger l'ail, les anchois, 1 ½ c. à soupe d'huile, les herbes et frotter bien sur le gigot. Arroser avec le reste de l'huile. Mettre dans une lèchefrite ou une braisière, puis cuire au four 15 min afin de faire rôtir la surface du gigot. Diminuer ensuite la chaleur du four à 180 °C (350 °F) et laisser rôtir lentement en arrosant toutes les 12 à 15 min environ.
- Pendant ce temps, faire un fond d'agneau avec les os, les oignons, les carottes, le céleri, la feuille de laurier, le persil, le thym et 750 ml (3 tasses) d'eau. Porter à ébullition baisser la chaleur et laisser mijoter à découvert 1 h à feu doux.
- Entre-temps, mettre les têtes d'ail complètes dans de l'eau bouillante et laisser cuire 5 min. Rincer ensuite à l'eau froide et peler. Faire une purée avec les gousses dans un presse-ail ou à la fourchette.
- Une fois le bouillon d'agneau cuit, passer à l'étamine ou à la passoire et laisser réduire pour obtenir environ 500 ml (2 tasses) de bouillon. Ajouter ensuite la purée d'ail et laisser mijoter encore 10 min à feu doux.
- Retirer le gigot d'agneau du four et de la braisière et laisser reposer sur une assiette de 5 à 10 min avant de le découper. Jeter le gras qui s'est accumulé au fond de la braisière. Ajouter le bouillon d'agneau réduit et laisser cuire sur le dessus du poêle afin qu'il réduise de moitié. Ajouter ½ c. à soupe de demi-glace (facultatif). Servir l'agneau en tranches, verser un peu de sauce sur la viande et un mince filet d'huile d'olive sur le tout. Inutile de vous dire qu'une purée de pomme de terre montée à l'huile d'olive ou une polenta cuite au bouillon ou au lait fera des merveilles avec ce plat.

Fettuccine castagne e rapini

4 portions

INGRÉDIENTS

- 12 châtaignes
- 480 g (1 lb) de fettuccines
- 60 g (2 oz) de rapinis, tiges coupées
- 4 gousses d'ail
- Pecorino romano, râpé

PRÉPARATION

Voici une recette de pâtes du chef Nadir Romano du restaurant Rugantini *de Montréal. Normal de la part d'un chef italien, diront certains, mais ce plat ne ressemble pas à ce qui se fait ordinairement en cette saison. Nourrissant et roboratif.*

- Faire blanchir les châtaignes entières à l'eau bouillante environ 3 à 4 min. Les égoutter et enlever la peau aussitôt.
- Faire cuire les pâtes et les rapinis (en même temps) dans l'eau salée. Pendant ce temps, faire revenir les gousses d'ail dans l'huile d'olive, ajouter les châtaignes coupées grossièrement, puis mouiller avec l'eau des pâtes (hors du feu, pour éviter les éclaboussures), réserver.
- Égoutter les pâtes, les mettre dans une poêle, ajouter le fromage et faire sauter le tout en aspergeant d'huile d'olive extravierge avant de servir. Rectifier l'assaisonnement (poivre et sel au besoin, mais le fromage est déjà salé, soyez prudent).

Haricots à l'huile

4 portions *(Zeytinyagli barbunya)*

Cette manière typiquement turque de préparer les haricots est particulièrement bien adaptée à l'hiver, avec son utilisation de yogourt et d'une quantité impressionnante d'ail. N'ayez pas peur cependant, l'ail cuit se digère aisément et aide à prévenir les rhumes.

INGRÉDIENTS

- 180 g (6 oz) de haricots secs de type borotti (rose) ou autre
- 2 oignons rouges, en tranches fines
- 8 à 10 gousses d'ail, coupées grossièrement
- 6 c. à soupe d'huile d'olive extravierge
- 1 c. à café (1 c. à thé) de sucre
- 3 tomates bien mûres, épépinées et coupées grossièrement
- Une poignée d'aneth et de persil frais, haché (ou de coriandre fraîche)
- 300 ml (1 ⅓ tasse) d'eau
- Sel marin et poivre frais
- Yogourt nature (bio de préférence)
- Tranches fines de citron
- Huile d'olive extravierge

PRÉPARATION

- Rincer les haricots après les avoir fait tremper dans l'eau fraîche toute la nuit (ou dans l'eau bouillante au moins 6 h). Dans un grand faitout, faire bouillir les haricots dans de l'eau non salée. Laisser mijoter au moins 30 à 45 min selon l'âge des haricots. Cela devrait équivaloir aux trois quarts de la cuisson. Plus ils sont jeunes, plus vite ils cuiront.
- Dans un poêlon, faire rissoler les oignons et l'ail dans l'huile. Ajouter le sucre, puis la moitié des tomates et des herbes. Laisser cuire doucement environ 15 min. Ajouter les haricots cuits et drainés, porter à ébullition puis réduire la chaleur. Ajouter le reste des tomates et des herbes, saler et poivrer. Laisser mijoter à découvert jusqu'à ce que presque tout le liquide se soit évaporé. Laisser refroidir à même le poêlon.
- Verser dans un plat de service. Ajouter une bonne cuillère de yogourt et disposer les tranches de citron tout autour. Napper d'un trait d'huile.

Bistecca alla pizzaiola

4 portions

PRÉPARATION

INGRÉDIENTS

- Huile d'olive de Campanie ou des Pouilles
- 4 gousses d'ail, pelées et coupées en tranches fines
- 4 pièces de filet de bœuf ou un large bifteck d'aloyau (T-Bone) ou environ 720 g (1 ½ lb) de viande
- Sel marin et poivre du moulin
- 720 g (1 ½ lb) de tomates, blanchies, épépinées et coupées grossièrement en morceaux ou une conserve de 720 g (1 ½ lb) de tomates, importées d'Italie de préférence (où le soleil frappe toujours plus fort)
- Une bonne pincée d'origan séché
- 60 g (2 oz) de prosciutto, en tranches fines (facultatif)

Cette manière de faire griller une viande est assez typique de toute l'Italie. Mais au contraire de ce que l'on fait à Florence par exemple, dans la région de Naples on termine la sauce en rajoutant des tomates dans le poêlon qui contient les sucs concentrés de la viande. Cela dit, on utilise le terme pizzaiola *pour décrire un plat dont l'origine est très ancienne parce qu'il se préparait autrefois dans le four à pizza.*

• Dans un large poêlon, faire chauffer un peu d'huile à feu moyen. Quand l'huile est chaude, ajouter d'abord l'ail, remuer un peu et ajouter la viande que l'on fera saisir jusqu'à ce qu'elle soit légèrement dorée des deux côtés. Saler et poivrer ensuite. Retirer la viande une fois la cuisson souhaitée (saignante ou à point) et déposer sur une assiette de service. Couvrir afin de la maintenir au chaud pendant que l'on fait la sauce.

• Mettre immédiatement les tomates dans le poêlon qui a servi à faire cuire la viande et qui contient les sucs de la viande et l'ail. Laisser cuire environ 3 min, rectifier l'assaisonnement avec du sel et du poivre. La sauce devrait être assez souple. Remettre la viande dans le poêlon sur la sauce aux tomates et laisser cuire encore 2 à 3 min après avoir saupoudré un peu d'origan. Mettre quelques tranches de prosciutto sur la viande au moment de servir.

INGRÉDIENTS

- 1 kg (2 lb) de bœuf à braiser avec les os
- 120 g (4 oz) de beurre non salé ou l'équivalent d'huile d'olive
- 1,5 kg (3 lb) d'os à cuire (choisir ceux qui ont de la viande)
- Environ 240 g (8 oz) de lard salé
- 1 oignon, en tranches
- 2 gousses d'ail, écrasées
- ½ c. à café (½ c. à thé) de paprika
- 250 ml (1 tasse) de vin rouge ou de vin rouge corsé
- 1 bâton de cannelle
- 1 bouquet de persil frais
- 1 feuille de laurier
- 2 c. à soupe de pâte de tomates ou de concentré de tomates
- 3 à 4 graines de piment de la Jamaïque
- 1 c. à café (1 c. à thé) de sel marin
- 1 piment malagueta sec ou frais ou un autre piment raisonnablement fort
- Huile d'olive portugaise ou espagnole (fruité noir de préférence)

Cacoila

PRÉPARATION

(Ragoût de bœuf) **6 à 8 portions**

Ce plat hivernal qui s'accroche aux flancs se prépare généralement dans un plat en terre cuite de couleur noire qu'on nomme justement cacoila ***à l'époque où l'on tue les cochons sur l'île de Pico dans les Açores. Vous pouvez sans doute imaginer qu'il y a de multiples variantes à cette recette, certaines utilisant du porc, d'autres du jus d'orange et du vin, d'autre avec du vinaigre de vin. Comme la plupart des Portugais de Montréal sont d'origine açoréenne, j'ai pensé en donner une version qui m'a été communiquée par la maman d'un ami. Et comme elle me l'a dit elle-même : « Ce plat est tout simple, on met tous les ingrédients dans un plat et on fait cuire ! »***

- Mettre tous les ingrédients dans une marmite. Remplir d'eau aux trois quarts des ingrédients.
- Couvrir de manière assez étanche et porter à ébullition. Réduire la chaleur et laisser mijoter à feu moyen de 3 à 4 h ou jusqu'à ce que la viande soit très fondante et se détache des os. Au moment de servir, verser un filet d'huile d'olive sur le ragoût. Servir avec des pommes de terre vapeur.

Minestra au chou-fleur et à l'huile d'olive

4 portions

INGRÉDIENTS

- 1 chou-fleur moyen, coupé en morceaux le long des fleurettes
- 1,5 litre (6 tasses) de bouillon de volaille salé ou de légumes
- 4 gousses d'ail, pelées et émincées
- 1 piment rouge, séché
- 4 c. à soupe d'huile d'olive extravierge ou plus pour la cuisson et encore un peu pour le service
- Pecorino toscano ou romano, râpé
- Saucisses italiennes à cuire, pochées dans le bouillon et coupées en morceaux (facultatif)

PRÉPARATION

Voici une autre de ces soupes roboratives et nourrissantes qui est censée être idéale pour lutter contre le froid et l'humidité des soirées d'hiver. En tout cas, juste l'odeur qui flotte en cuisine vous donnera le goût de vous installer devant la télé, sous une couette, avec un bol bien chaud de cette chaudrée.

- Faire cuire le chou-fleur dans le bouillon environ 10 à 15 min au maximum, jusqu'à ce qu'il soit bien cuit. Pendant ce temps, faire revenir l'ail et le piment dans l'huile.
- Une fois cuit, égoutter le chou-fleur et le couper en petits morceaux ou le passer au robot de cuisine en pulsant légèrement afin qu'il ne tourne pas en purée. Remettre le hachis de chou-fleur obtenu dans le poêlon avec l'ail et le piment. Faire frire le tout de 5 à 6 min, jusqu'à ce que le chou-fleur soit bien coloré et assez huilé.
- Ajouter ce mélange au bouillon dans lequel a cuit le chou-fleur, ajouter la saucisse et laisser mijoter lentement environ 15 min supplémentaires ou jusqu'à ce que le tout soit bien lisse. Retirer le piment.
- Verser la soupe dans des assiettes creuses individuelles sur une tranche de pain grillé préalablement mise au fond de chaque assiette. Verser un trait d'huile d'olive sur le dessus de la soupe puis saupoudrer de pecorino juste au moment de servir.

Pinchitos morunos

4 portions *(Brochettes andalouses)*

PRÉPARATION

On sert ces petites bouchées en tapas partout en Andalousie. L'appellation* morunos *vient sans doute de l'origine arabe (ou maure) de ces bouchées de viande épicées, habituellement du porc, mais autrefois nul doute faites d'agneau, servies sur des brochettes de métal ou de bois. Pendant un séjour que j'ai fait dans la ville andalouse de Séville, j'en ai presque fait une overdose.

- Mettre la viande dans un saladier avec tous les ingrédients de la marinade (sauf l'huile) et les épices, et mélanger bien avec les mains en vous assurant que tous les morceaux de viande sont bien enduits du mélange. Ajouter l'huile peu à peu, mélanger à nouveau et mettre au réfrigérateur au moins 2 h et au plus 4 h.
- On peut faire griller ces bouchées de viande sur un barbecue si elles sont faites en été ou en automne, mais en Espagne on les fait cuire sur une grille à même le four après les avoir embrochées sur des petites broches en métal ou en bois. Servir chaud avec une salade de tomate et de persil.

SALADE DE TOMATE ET DE PERSIL

Couper deux ou trois tomates moyenne en dés, après les avoir épépinées et vidées de leur jus. Émincer un bouquet de persil frais et ajouter aux dés de tomates. Saler et poivrer, ajouter un filet de vinaigre de xérès ou de vin rouge, un trait d'huile d'olive (andalouse de préférence) et servir bien frais.

INGRÉDIENTS

- 1 filet de porc d'environ 480 g (1 lb), en cubes et aplatis légèrement avec le dos d'un couteau

MARINADE

- ½ c. à café (½ c. à thé) de graines de coriandre, moulues au moulin à café ou au mortier
- ½ c. à café (½ c. à thé) de graines de cumin, moulues au moulin à café ou au mortier
- ½ c. à café (½ c. à thé) de graines de fenouil, moulues au moulin à café ou au mortier
- 1 c. à café (1 c. à thé) de pimentón fumé espagnol ou de paprika hongrois
- 2 gousses d'ail, écrasées avec quelques grains de sel
- 1 pincée de safran espagnol, dilué dans 2 c. à soupe d'eau bouillante
- 1 c. à café (1 c. à thé) d'origan séché
- 1 feuille de laurier, émiettée
- 1 c. à café (1 c. à thé) de vinaigre de vin rouge
- 1 c. à café (1 c. à thé) d'huile d'olive extravierge

Riz aux poivrons confits

4 portions

INGRÉDIENTS

- Huile d'olive extravierge, de Sicile bien entendu
- 1 kg (2 lb) de poivrons de toutes couleurs, épépinés et coupés en quartiers
- 1 gros oignon jaune, en morceaux
- 1 gousse d'ail, émincée
- 10 olives vertes ou noires, dénoyautées
- 2 c. à café (2 c. à thé) de câpres, bien rincées
- 480 g (1 lb) de tomates, épépinées et coupées en morceaux ou une conserve de 425 ml (1 ³/₄ tasse) de tomates italiennes
- Sel marin et poivre du moulin
- 10 feuilles de basilic ou un petit bouquet de persil
- Environ 120 g (½ tasse) ou un peu plus au goût de riz italien (arborio, vialone nano ou carnaroli)

PRÉPARATION

Il faut dire qu'avec le climat qui est le leur et le génie agricole qu'ils ont développé pendant des siècles sur une terre difficile à travailler, les Siciliens ont le tour avec les légumes. Voici une manière élégante et modeste de servir les poivrons. L'idée de base étant de les laisser cuire doucement jusqu'à ce qu'ils deviennent une sorte de purée presque sucrée. Il s'agit en réalité d'une version longue de la peperonata. On sert habituellement ce plat en contorno, *c'est-à-dire en accompagnement, mais en lui ajoutant du riz on le transforme en plat principal.*

- Faire chauffer l'huile et ajouter les poivrons. Laisser cuire à feu moyen environ 5 à 6 min jusqu'à ce qu'ils se colorent légèrement. Ajouter les oignons et laisser cuire encore 6 à 7 min. Ajouter l'ail, les olives, les câpres et bien remuer. Attendre 1 à 2 min avant d'ajouter les tomates. Saler, poivrer et attendre que l'ébullition commence avant de réduire la chaleur et de couvrir. Couvrir et laisser mijoter à feu doux de 35 à 45 min en remuant de temps à autre afin que les légumes n'attachent pas trop au fond du poêlon.
- Ajouter le basilic ou le persil. Remuer encore et retirer du feu. Mettre de côté. Pendant ce temps, faire cuire le riz dans un faitout, dans le double d'eau salée, soit 250 ml (1 tasse) d'eau salée pour 120 g (½ tasse) de riz. Porter à ébullition puis réduire la chaleur au minimum. Couvrir le faitout et laisser cuire environ 15 min. Une fois cuit, ajouter le riz au mélange de poivrons et mélanger le tout. Rectifier l'assaisonnement. Servir dans un plat, garnir de persil et d'un filet d'huile.

NOTE : Vous pourriez donner une petite note *agrodolce* (aigre-douce) au ragoût de poivrons, un goût très typique à la cuisine sicilienne, en ajoutant environ 1 c. à soupe de raisins secs préalablement trempés dans l'eau tiède pendant 30 min.

Tajine au poulet, au céleri-rave et aux olives violettes

4 portions

PRÉPARATION

Comme dans la plupart des recettes de tajine, celle-ci demande plus de temps de cuisson que de temps de préparation. Une fois que vous aurez réuni les ingrédients, tout ce qu'il vous restera à faire, c'est de laisser le feu et le temps faire le reste.

• Préchauffer le four à 180 °C (350 °F). Faire chauffer le bouillon de volaille avec la pâte de tomates. Faire revenir les oignons et l'ail 4 à 5 min à feu moyen dans 1 c. à soupe d'huile, dans une marmite allant au four.

• Dans la même marmite, ajouter les morceaux de poulet. Faire dorer sur toutes les faces environ 5 min. Ajouter les tomates et bien remuer afin de napper les morceaux de poulet. Ajouter ensuite les autres légumes. Laisser cuire à feu moyen environ 4 à 5 min, jusqu'à ce que les légumes soient légèrement rôtis. Mouiller avec le bouillon chaud.

• Ajouter la cannelle, le cumin, le gingembre, la peau de citron confit, le basilic, la coriandre et les olives. Saler, poivrer et couvrir. Mettre au four de 45 min à 1 h. Une fois cuit, servir le poulet dans un plat à gratin ou, mieux encore, directement dans un tajine de service et napper chaque portion d'un filet d'huile. Saupoudrer de coriandre et servir avec du pain frais (ou même du riz ou du couscous cuit à la vapeur, ce qui n'est habituellement pas le cas au Maroc, mais ailleurs, tout est possible).

INGRÉDIENTS

- 375 ml (1 ½ tasse) de bouillon de volaille (ou, à défaut, de légumes ou même simplement d'eau)
- 1 c. à soupe de pâte de tomates (concentré de tomates)
- 1 oignon, émincé
- 1 gousse d'ail, émincée
- Huile d'olive au goût fruité vert
- 1 poulet entier, coupé en morceaux
- 3 tomates, épépinées et coupées en cubes
- ½ céleri-rave, pelé et coupé en cubes
- 1 carotte, pelée et coupée en cubes
- 5 pommes de terre moyennes, pelées et coupées en cubes
- 1 bâton de cannelle
- 1 c. à café (1 c. à thé) de cumin moulu et rôti
- 1 c. à café (1 c. à thé) de gingembre moulu
- 1 citron confit, la chair retirée et coupée en lanières
- 1 c. à soupe de feuilles de basilic frais, émincées
- 1 à 2 c. à soupe de tiges et de feuilles de coriandre fraîches, hachées
- 10 à 15 olives violettes (sinon des noires à chair juteuse)
- Sel marin et poivre du moulin

Lablabi

4 portions

Ce plat nourrissant, mais économique et très répandu à travers la Tunisie, est ce dont je me rappelle le mieux de mon séjour dans les oliveraies de l'Afrique du Nord. On le consomme surtout au petit-déjeuner, dans les rues des petites villes de l'île de Djerba ou dans les ruelles de Bab el Bnet de Tunis. Bref, c'est le plat de monsieur tout-le-monde, ce qui ne l'empêche pas d'être assez raffiné dans l'esprit. Voici une version que j'ai apprise sur place et que j'ai adaptée avec les recommandations de la journaliste Paula Wolfert de Californie, qui m'a donné les meilleurs conseils que j'ai pu obtenir sur la cuisine de ces pays.

INGRÉDIENTS

- 500 g (2 tasses) de pois chiches
- 6 gousses d'ail, pelées
- 1 c. à soupe de cumin
- 1 c. à soupe de harissa
- Pain rassis (de type pita de préférence), émietté ou en petits morceaux
- 1 œuf (facultatif)
- Olives noires confites ou non (facultatif)
- Thon en conserve (facultatif)
- 100 ml (entre 1/3 et 1/2 tasse) d'huile d'olive
- 1 citron, en quartiers
- Sel et poivre
- Coriandre fraîche, hachée (facultatif)

PRÉPARATION

- Faire tremper les pois chiches 12 h ou toute la nuit. Les rincer et les cuire à couvert dans 2 litres (8 tasses) d'eau fraîche avec une grosse pincée de bicarbonate de soude, ce qui aura pour effet de les ramollir. On peut aussi cuire les pois chiches avec un pied de veau et des brindilles de coriandre ou même un mélange de légumes aromatiques (oignons, ail, céleri, carottes) pour donner du goût au bouillon, mais ce n'est pas nécessaire. Si on utilise des pois dont on ignore l'âge, il vaut mieux ne pas saler pendant la cuisson mais à la fin de la cuisson. Entre-temps, piler l'ail en même temps que les graines de cumin et du sel marin.
- Dès que les pois chiches sont suffisamment ramollis, ajouter la harissa et mélanger. Laisser cuire environ 10 min, rectifier l'assaisonnement du bouillon et retirer du feu.
- Repartir les morceaux de pain dans des bols individuels, les arroser de bouillon du *lablabi,* mettre une bonne louche de pois chiches, ajouter une noisette de harissa et une pincée de cumin, casser un œuf dans le bouillon sans le mélanger, ajouter quelques olives ou un peu de thon émietté et arroser d'huile d'olive crue. Servir chaud avec des quartiers de citron à part.

RECETTES DE PRINTEMPS

C'est au printemps que la nature se calme. Fini les mers agitées, fini les champs jaunis par le manque de soleil et de chaleur, fini aussi les mines patibulaires. Place à l'espoir et au renouveau. Place aussi aux légumes de primeur, les premières pousses, les premiers haricots, les artichauts, les fèves, les épinards, les asperges. Il faut donc privilégier une cuisine spontanée qui met l'accent sur la verdeur. L'huile est encore fraîche et pimpante au printemps, elle n'a que quelques mois de bouteille. C'est donc la meilleure occasion de l'associer aux légumes. Et de réduire les temps de cuisson.

Penne aux fenouils braisés

«Le dépanneur» **4 portions**

INGRÉDIENTS

- Beurre et huile d'olive extravierge
- 3 bulbes de fenouil frais, en tranches fines (à la mandoline)
- Bouillon de légumes (par défaut, tout autre bouillon)
- Rigatoni, pennes ou pennines (toutes pâtes en forme de tubes) : 120 g (4 oz) par personne
- Pecorino romano, râpé (fromage de brebis d'origine sarde, toscane ou du Latium)

PRÉPARATION

Voici une recette pour des gens pressés. Elle m'a été donnée par Elena Faïta, qui dirige l'école de cuisine Mezza-Luna *dans le quartier de la Petite Italie à Montréal. Cette recette se fait au pif, elle est imprécise, et c'est ce qui fait son charme. On peut augmenter la quantité de fenouil, ajouter de la pancetta coupée en dés lorsqu'on les fait cuire, garnir avec du basilic ou, mieux encore, avec les pluches de fenouil hachées menu. En tout cas, ce plat est irrésistible.*

- Faire chauffer un poêlon, ajouter le beurre et l'huile d'olive.
- Ajouter les fenouils et faire colorer légèrement jusqu'à ce qu'ils soient blonds et un peu transparents.
- Mouiller avec le bouillon, une demi-louche à la fois, jusqu'à ce que les fenouils soient parfaitement tendres.
- Pendant ce temps, faire cuire les pâtes dans l'eau salée.
- Une fois les fenouils cuits, mélanger aux pâtes, poivrer généreusement, saler au besoin et mélanger avec une bonne quantité de pecorino.

Ragoût campagnard

6 portions *Scaffata*

Voici un ragoût de printemps splendide d'origine romaine. Le nom vient du verbe* scaffare, *qui veut dire « écosser » en dialecte. On le sert pour accompagner un rôti d'agneau, mais ce ragoût peut devenir un plat principal si on le sert avec un bon pain croustillant, un peu de fromage et un bon verre de vin rouge. Miam !

INGRÉDIENTS

- 3 c. à soupe d'huile d'olive extravierge assez corsée, de type fruité intense, toscane par exemple
- 100 g (1 tasse) d'échalotes, émincées
- 50 g (1/2 tasse) d'oignons, émincés
- 500 g (1 lb) de petits pois verts frais (ou, à défaut, congelés)
- 480 g (1 lb) de fèves fraîches (nettoyées de leurs peaux si elles sont vieilles)
- 480 g (1 lb) d'asperges fraîches, nettoyées et coupées en morceaux
- 240 g (1 tasse) de courgettes, en cubes
- 1/2 c. à café (1/2 c. à thé) de piment rouge écrasé ou 1 piment entier
- Sel et poivre
- 100 g (2 tasses) de laitue romaine, grossièrement hachée
- 1 c. à soupe de menthe fraîche, émincée

PRÉPARATION

- Dans un large poêlon sur lequel peut s'ajuster un couvercle, faire chauffer l'huile à feu moyen. Ajouter les échalotes, les oignons et laisser fondre environ 4 à 5 min. Ajouter les pois, les fèves, les asperges, les courgettes et le piment rouge puis saler légèrement. Mélanger bien et laisser cuire à couvert environ 10 min à feu doux.
- Ajouter la laitue et la menthe et continuer la cuisson de 15 à 20 min, jusqu'à ce que les légumes soient bien cuits. Saler et poivrer. Il est important pour le développement du parfum de ne pas sous-cuire ces légumes. À l'étouffée, les légumes rendront un peu d'eau, ce qui les empêchera de coller au fond de la casserole. Si c'est le cas, ajouter un peu d'eau ou de bouillon. Si les légumes brunissent un peu, ce sera encore meilleur.

VARIATIONS

- À cette recette de base, on peut ajouter des tomates en conserve, préférablement les petites tomates des collines vendues sous le nom de *pomodorini* et que l'on trouve dans toutes les épiceries italiennes.
- On peut aussi faire sauter de la pancetta coupée en lanières avant d'ajouter les légumes verts.
- Rien ne vous empêche, comme le font les Romains, de saupoudrer un peu de pecorino romano sur le tout, une fois fumant.
- On peut servir la scaffata avec des *spaghettis* cuits *vraiment* al dente (pas plus de 5 à 6 min), en ajoutant un peu de bouillon au ragoût de légumes avant d'y mettre les pâtes. Avec un plat comme celui-là, je vous garantis une popularité instantanée.

Carpaccio de poulpe aux fèves et aux tomates jaunes

INGRÉDIENTS

- 110 g (½ tasse) de fèves, écossées (dites « gourganes » au Québec ou « fava ») soit environ 700 g (ou 1 ½ lb) de fèves entières, non préparées
- 4 c. à soupe d'huile de canola ou de pépins de raisin
- 4 gousses d'ail entières
- 1 c. à café (1 c. à thé) de flocons de piment rouge
- 50 g (½ tasse) d'oignon blanc, finement émincé
- 1 poulpe de 1 kg (2 lb)
- Le bouchon de liège d'une bouteille de vin
- 4 c. à soupe de vin rouge
- 250 ml (1 tasse) de fumet de poisson
- Sel marin et poivre frais
- 12 tomates jaunes, coupées en deux
- ½ oignon rouge, finement émincé
- 1 c. à soupe de vinaigre de vin rouge
- 5 c. à soupe d'huile d'olive extravierge
- 1 bouquet de ciboulette fraîche pour la garniture
- 125 ml (½ tasse) d'huile d'olive extravierge de type fruité médium telle que la Castel del Monte de l'Azienda Santa Croce & Sant'Aloja de la région des Pouilles qui se marie bien au mordant des piments

PRÉPARATION

4 portions

Voici une autre recette affriolante de Graziella Battista, propriétaire du restaurant Il Sole *à Montréal. Selon la taille du poulpe, on peut le tailler en tranches très fines ou plus épaisses.*

- Faire cuire les fèves dans l'eau bouillante salée 3 min. Arrêter la cuisson des fèves sous l'eau froide. Retirer la peau des fèves une fois cuites seulement. Si on ne trouve pas de fèves sur le marché, on peut les remplacer par des pommes de terre Yukon Gold ou des haricots verts.
- Dans un poêlon, faire chauffer l'huile végétale à feu moyen-élevé. Ajouter l'ail, les flocons de piment, les oignons blancs, et laisser cuire à feu élevé 2 min. Ajouter le poulpe et faire cuire sur chaque face jusqu'à ce qu'il ait changé de couleur et relâché son jus. Ajouter le bouchon de liège, mouiller au vin rouge, ajouter le fumet et couvrir le poêlon avec un papier d'aluminium. Baisser la chaleur au minimum et laisser mijoter tout doucement pendant 1 ½ à 2 h ou jusqu'à ce que le poulpe soit très tendre.
- Une fois la cuisson terminée, retirer le poulpe du poêlon, réserver et faire réduire le jus de moitié, ce qui devrait prendre environ 8 min. Retirer du feu et laisser refroidir.
- Émulsionner l'huile de Santa Croce & Sant'Aloja en la laissant couler lentement dans le jus de poulpe et en fouettant vigoureusement. Assaisonner avec du sel et du poivre. Pendant ce temps, préparer le poulpe. Séparer les tentacules du tronc et couper ce dernier en 4 parties. Couper les tentacules en rondelles et séparer les morceaux de poulpe en quatre parts. Faire la salade avec les fèves, les tomates, les oignons rouges, le vinaigre de vin rouge, l'huile, le sel et le poivre. Bien mélanger à la main.
- Pour chaque assiette, monter la salade de fèves sur les morceaux de poulpe, napper de l'émulsion de jus de poulpe et garnir avec des brins de ciboulette.

Marò

4 portions

PRÉPARATION

INGRÉDIENTS

- 360 g (12 oz) de porc, haché
- 1 kg (2 lb) de fèves (gourganes) fraîches ou congelées ou à défaut, de petits pois verts
- 250 ml (1 tasse) de vin rouge
- 1 c. à soupe d'huile d'olive
- 1 c. à soupe de sauce de poisson
- 1 c. à café (1 c. à thé) chacune de cumin, de graines de céleri et de graines de coriandre
- 1 c. à café (1 c. à thé) de miel

Ce plat de boulettes de viande de veau ou de porc était un favori à l'époque des empereurs de la Rome antique. Il l'est encore aujourd'hui dans les villes de San Remo et Genoa. Il faut se rappeler que les recettes qui nous ont été transmises par écrit ne contenaient jamais AUCUNE mesure exacte, seulement des listes d'ingrédients et des indications sur les étapes de confection. Voilà pourquoi on ne dit pas comment faire les boulettes. Je vous recommande donc d'utiliser un œuf comme agent de liaison, et enfin de bien saler et poivrer avant de faire cuire les boulettes.

- Faire des boulettes avec le porc. Même si les recettes romaines ne le précisent pas, saler et poivrer tout de même un peu. Faire blanchir les fèves ou les pois dans de l'eau salée.
- Dans un poêlon, faire chauffer le vin, l'huile, la sauce de poisson, le miel et les épices. Ajouter les fèves. Laisser cuire jusqu'à ce qu'elles soient souples et les écraser à la fourchette dans le liquide de la sauce. Faites pocher les boulettes de viande à feu doux, dans la sauce. Laisser cuire lentement environ 15 à 20 min et servir avec du riz, de la semoule, de la polenta ou du couscous.

NOTE : Dans la version ligure moderne, on mélange ensemble de l'ail, de la menthe fraîche et du pecorino aux fèves blanchies. Puis on laisse cuire quelques instants et l'on sert en accompagnement de boulettes de viande plutôt que de faire cuire les boulettes dans la purée de fèves.

INGRÉDIENTS

- 180 g (6 oz) de beurre non salé, ramolli
- 3 œufs
- Sel
- 360 g (2 tasses) de farine non blanchie
- 1 ½ c. à café (1 ½ c. à thé) de levure chimique (poudre à pâte)
- 150 g (5 oz) d'olives noires confites ou d'olives noires en saumure, coupées et dénoyautées

PETITE PURÉE D'OLIVES

- 1 kg (2 lb) de pommes de terre, pelées et lavées
- 250 ml (1 tasse) de lait
- Sel marin et poivre du moulin
- 125 ml (½ tasse) d'huile d'olive de Provence ou de Nyons de préférence
- 12 olives noires, dénoyautées et coupées en rondelles

Cake aux olives et petite purée aux olives

PRÉPARATION

6 à 8 portions

Cette recette facile à réaliser est remarquable, tant par son goût évocateur de printemps chaud et de produits des récoltes d'olives de l'hiver. C'est aussi une excellente initiative quand on veut préparer un repas végétarien, quoi que rien ne vous empêche de le servir en hors-d'œuvre ou en accompagnement d'un plat plus consistant. Choisissez des olives de primeur le plus possible.

- Dans un bol, mélanger le beurre avec les œufs et le sel. Incorporer la farine et la levure chimique et travailler afin d'obtenir une pâte homogène. Ajouter ensuite les olives.
- Verser le mélange dans un moule rectangulaire allant au four beurré et fariné (ou huilé, c'est selon). Mettre au four à froid et monter la température à 180 °C (350 °F). Laisser cuire 45 min environ. Laisser refroidir avant de servir en tranches avec la purée d'olives.

PETITE PURÉE D'OLIVES

- Faire cuire les pommes de terre à l'eau salée ou à la vapeur. Faire chauffer le lait. Une fois cuites, écraser les pommes de terre au presse-purée, saler et poivrer. Intégrer doucement le lait à la purée en alternant avec l'huile. Ajouter les rondelles d'olives et mélanger bien. Servir aussi cette purée en accompagnement d'un poisson simplement grillé ou d'une viande poêlée et napper d'un peu d'huile.

Tartare de canard

4 portions

PRÉPARATION

Ce plat a été préparé par Rafaël de Valicourt, chef à la splendide auberge Torre Del Remei *en Catalogne et invité au restaurant montréalais* Chez Alexandre *pendant le Festival de Montréal en lumière de 2002. J'en garde un tel souvenir que j'ai décidé de vous la donner. Naturellement, et comme on serait en droit de s'y attendre, ce n'est pas simple à monter malgré la simplicité. Mais avec patience et volonté - et un peu de doigté aussi - vous arriverez à de bons résultats.*

CARAMEL À L'ORANGE

- Mettre le jus d'orange dans une petite casserole. Ajouter quelques gouttes de vinaigre balsamique et le sucre et bien mélanger.
- Porter à ébullition et faire cuire à feu moyen-élevé pour obtenir un caramel. Réserver.

TARTARE

- Mettre le canard dans un bol.
- Assaisonner et ajouter un filet d'huile et quelques gouttes de tabasco et de sauce Worcestershire. Faire une purée à la fourchette. Réserver.

SAUCE

- Mélanger la crème et la moutarde.

MONTAGE ET FINITION

- Déposer les échalotes et quelques lamelles de cornichon dans une assiette rectangulaire. Déposer deux quenelles de tartare près des garnitures. Mettre les navets et les bâtonnets de pain grillé près des quenelles.
- Napper légèrement les quenelles et l'assiette de crème moutardée. Disposer un cordon de caramel à l'orange tout autour et servir.

INGRÉDIENTS

CARAMEL À L'ORANGE

- 1 orange, coupée en deux (extraire et réserver le jus)
- Vinaigre balsamique de très bonne qualité, en quantité suffisante
- 1 c. à soupe de sucre

TARTARE

- 1 magret de canard de 480 g (1 lb), sans la peau et le gras et haché finement
- Sel marin et poivre du moulin
- Huile d'olive (catalane de préférence), au goût plutôt doux (demander le fruité noir, plus proche du goût du fruit mûr)
- Sauce tabasco
- Sauce Worcestershire

GARNITURE

- 240 g (8 oz) de navets, pelés et taillés en julienne
- 1 échalote française, pelée et hachée finement
- 3 petits cornichons, en fines lamelles
- Bâtonnets de mie de pain, grillés (2 par portion)

SAUCE

- 500 ml (2 tasses) de crème fraîche
- 1 c. à soupe de moutarde à l'ancienne

Velouté de pois chiches aux champignons

4 portions

PRÉPARATION

Cette soupe, on la rencontre surtout en Toscane où les légumineuses sont les reines de la table et remplacent souvent les pâtes du sud de l'Italie, le riz et la polenta du Nord. Voici une version comme je l'ai goûtée dans un petit hôtel de campagne dans la région de Pise. La cuisinière, une vieille dame, portait une longue robe noire et un collier de perles. En un sens, cette soupe était une incarnation de l'élégance traditionnelle des femmes de la région.

- Faire tremper les pois chiches toute la nuit (ou pendant 8 h) dans un grand bol rempli d'eau froide. Le lendemain, jeter l'eau de trempage (très important) et mettre les pois chiches dans une casserole. Remplir des 2,5 litres (10 tasses) d'eau fraîche. Ajouter les carottes, les oignons, l'ail, le laurier, l'huile et le morceau de pancetta ou de prosciutto. Ne surtout pas saler. Porter le tout à ébullition et laisser mijoter au moins 50 min ou jusqu'à ce que les pois chiches soient tendres.
- Une fois cuits, les passer à la moulinette (ou au robot de cuisine, en pulsant lentement) après avoir retiré la feuille de laurier et le morceau de pancetta. Remettre sur le feu et laisser cuire encore 10 min environ, afin de laisser réduire un peu. Entre-temps, faire tremper les champignons pendant 30 min dans 250 ml (1 tasse) d'eau tiède.
- Filtrer les champignons et réserver l'eau de trempage. Hacher légèrement les champignons. Si l'eau contient des matières solides, la filtrer de nouveau jusqu'à ce qu'elle soit débarrassée des résidus de terre.
- Dans un poêlon, faire chauffer lentement l'huile et faire sauter les champignons, l'ail et le persil environ 2 min. Mouiller avec la pâte de tomates dissoute dans l'eau de trempage des champignons, augmenter la chaleur et laisser mijoter encore 15 min environ à feu moyen. Ajouter cette mixture la purée de pois chiches et laisser cuire encore 15 min. Bien remuer pendant cette dernière étape pour ne pas que la purée colle au fond de la casserole. Servir chaud avec un peu de persil haché en garniture et surtout une bonne rasade d'huile d'olive extravierge de la meilleure qualité possible.

INGRÉDIENTS

- 450 g (2 tasses) de pois chiches secs
- 2,5 litres (10 tasses) d'eau
- 1 carotte, coupée en morceaux
- 1 oignon rouge, coupé en quatre
- 1 gousse d'ail, pelée et émincée grossièrement
- 1 feuille de laurier
- 2 c. à soupe d'huile d'olive extravierge (de Toscane de préférence ou, à tout le moins, avec un goût mordant)
- 60 g (2 oz) de prosciutto ou de pancetta en un morceau
- Sel marin et poivre du moulin

CHAMPIGNONS

- Environ 2 c. à soupe d'huile d'olive extravierge de Toscane
- 30 g (1 oz) de champignons secs (porcinis ou bolets)
- 1 gousse d'ail, pelée et hachée avec le persil
- 15 tiges de persil, les feuilles uniquement, hachées avec l'ail
- 250 ml (1 tasse) du liquide de trempage des champignons ou d'un bon bouillon de volaille
- 1 c. à soupe de pâte de tomates dissoute dans le liquide de trempage des champignons

INGRÉDIENTS

- 12 à 16 tranches de pain, rassis de préférence
- 750 ml (3 tasses) de lait
- 500 g (environ 1 ½ lb) d'asperges ou d'artichauts frais, préparés et coupés en tronçons de 2 cm (¾ po)
- 5 œufs
- Sel marin et poivre noir du moulin
- 15 g (½ tasse) de fines herbes, émincées (ciboulette, persil, estragon ou sauge, thym et origan)
- 30 g (1 oz) de Parmigiano Reggiano
- 120 g (1 tasse) de fromage beaufort ou comté
- 120 g (1 tasse) de tomme de Savoie
- Un peu de beurre
- 1 c. à soupe d'huile d'olive extravierge provençale

PRÉPARATION

Pudding aux asperges et aux fines herbes

4 portions

J'ai adapté cette recette de l'un des livres qu'a écrit la journaliste californienne Georgette Brennan avec laquelle j'ai voyagé en Tunisie il y a quelques années. Cette dame remarquable, spécialiste de la cuisine française du sud, parfaitement à l'aise dans notre langue, et qui écrit des livres vraiment bien faits, rigoureusement écrits et documentés, m'a beaucoup inspiré pendant ce voyage. Nos longues conversations autour de la cuisine alors que nous longions les côtes de la Méditerranée en autocar me laissent un souvenir impérissable. Voici une recette qu'elle a souvent réalisée dans sa maison de Provence, quand on accumulait des restes de pain.

- Préchauffer le four à 180 °C (350 °F). Mettre le pain dans un plat creux sur une seule couche et couvrir avec le lait. Laisser tremper environ 30 min, puis extraire le lait en pressant le pain. Il devrait rester un peu plus de 125 ml (½ tasse) de lait. Si ce n'est pas le cas, en ajouter pour avoir à peu près cette quantité.

- Pendant que le pain trempe, faire cuire les asperges à l'eau bouillante ou à la vapeur de 2 à 3 min, ou jusqu'à ce qu'elles soient tendres. Passer ensuite à l'eau froide pour arrêter la cuisson et mettre de côté. Dans un plat, mélanger les œufs, le sel, le poivre, et 125 ml (½ tasse) du lait de trempage.

- Dans un moule beurré (un moule à tian, à gratin ou une cocotte en terre devrait faire l'affaire), étaler le tiers du pain détrempé. Disposer sur le dessus la moitié des asperges (réserver cependant quelques pointes pour la garniture). Saupoudrer de la moitié des herbes. Recouvrir avec le tiers de chacun des trois fromages. Recommencer l'opération avec le second tiers du pain, puis les herbes, puis enfin un autre tiers des fromages. Terminer enfin en recouvrant avec le reste du pain et le reste des fromages. Garnir des pointes d'asperges. Verser le mélange œufs et lait sur le dessus et ajouter quelques dés de beurre. Faire cuire au four jusqu'à ce qu'une croûte dorée se forme sur le dessus (compter environ 45 min). Servir avec une petite salade verte et napper d'un peu d'huile d'olive sur le dessus, juste au moment de servir.

Asperges blanches à l'huile d'olive et copeaux de parmesan

INGRÉDIENTS

- 16 asperges blanches moyennes (sinon les vertes), pelées à l'aide d'un couteau-éplucheur
- Parmigiano Reggiano, râpé + 12 copeaux
- Huile d'olive extravierge au goût robuste, type fruité intense
- Sel marin et poivre

PRÉPARATION

4 portions

Le restaurant Rugantino *de Montréal prépare une cuisine fraîche, spontanée et très soignée. Exactement comme l'on cuisine et comme l'on doit cuisinier en Italie. Cela, c'est grâce au chef Nadir Romano, qui a conscience des produits, des saisons et de ses clients. En voici un exemple, typique d'un début de printemps romain.*

- Faire cuire les asperges quelques minutes à peine dans un bouillon ou dans l'eau salée.
- Saupoudrer de parmigiano, ajouter une noisette de beurre et laisser gratiner sous le gril du poêle. Dresser dans les assiettes, ajouter un peu de liquide de cuisson, les copeaux de parmesan et asperger bien d'huile. Saler et poivrer au besoin.

Moules à la compotée de fenouil

4 portions

PRÉPARATION

Au cœur de la ville d'Avignon, où j'ai passé une soirée remarquable à goûter la cuisine du chef Christian Étienne dont le restaurant est construit à même les piliers de l'immense palais des Papes, je retiens de cette expérience le souvenir de plats aux parfums extrêmement francs. Ce souci de concentrer les saveurs et les parfums se retrouve dans cette recette que le chef m'a gentiment permis d'adapter et de reproduire ici.

- Écraser les gousses d'ail avec la lame d'un couteau. Mettre l'ail et les dés de fenouil dans un poêlon et couvrir d'huile.
- Saler et poivrer. Laisser cuire 25 à 30 min à feu très doux, jusqu'à ce que les légumes soient bien confits.
- Faire cuire les moules dans une grande casserole avec du vin blanc, un peu de sel et de poivre. Remuer souvent pendant la cuisson. Voir à ce qu'elles ne cuisent pas trop longtemps sinon elles risqueraient de se racornir (environ 5 min). Enlever les moules de leurs coquilles. Mettre de côté.
- Réserver le jus de cuisson des moules et laisser réduire de moitié. Ajouter le fenouil confit, préalablement égoutté et ajouter les moules quelques instants avant de servir. Garnir le plat d'un peu d'huile de confit de fenouil.

INGRÉDIENTS

- 3 gousses d'ail, pelées
- 1 bulbe de fenouil, paré et coupé en dés
- Huile d'olive de Provence
- Sel et poivre
- 2 kg (4 1/2 lb) de moules, lavées et ébarbées
- Vin blanc
- Environ 1 c. à soupe d'aneth frais, haché (ou alternativement de pluches de fenouil)

INGRÉDIENTS

- 1 pomme, pelée et coupée en tranches minces
- 1 poire, pelée et coupée en tranches minces
- 1 coing ou 1 orange, pelé et coupé en tranches minces
- Le cœur d'un ananas (facultatif), coupé finement
- 1/4 de concombre, pelé, épépiné et coupé finement (si on utilise des concombres libanais, il n'est pas nécessaire de les épépiner)
- 2 petits oignons ou échalotes françaises, coupés finement
- 1 c. à soupe de raisins secs, trempés dans l'eau tiède 30 min
- 3 c. à soupe d'huile d'olive
- Sel marin et poivre du moulin
- Feuilles de laitue fraîches
- Un peu de poudre de sumac (facultatif)

PRÉPARATION

Chirov aghtzan du Caucase

Salade de fruits et de légumes **4 portions**

Voilà une manière tout à fait inusitée de servir une salade. Cette version d'un plat assez courant dans toute la région du Caucase, du nord de la Turquie à la Géorgie, nous viendrait d'Arménie. En tout cas, le résultat est étonnant et pas si différent de ce que l'on avait l'habitude de servir dans les soirées végétariennes, organisées par les disciples de Krishna quand j'étais étudiant. Avec cette différence que l'huile d'olive est utilisée comme condiment de base. Et qu'elle fait toute la différence. Naturellement, selon la qualité que vous utiliserez, vous obtiendrez des résultats différents : si l'huile a un goût plutôt fruité ou amer, mordant ou doux.

- Dans un grand bol, mélanger tous les ingrédients délicatement avec les mains afin de ne pas les endommager. Saler et bien poivrer.
- Servir sur quelques feuilles de laitue et saupoudrer d'un peu de poudre de sumac. Cette poudre rouge au goût acidulé remplace souvent le jus de citron ou le vinaigre au Moyen-Orient. Si on ne peut pas en trouver dans les épiceries libanaises, la remplacer par quelques gouttes de jus de citron. Mais tout l'intérêt de cette salade vient du fait qu'elle est très peu acidulée.

Tagliatelles à la crème, aux petits pois et à la pancetta

4 portions *(Tagliatelle con panna, piselli e pancetta)*

PRÉPARATION

Un plat symbole assez typique des régions centrales de l'Italie : vert, riche, crémeux et rapide à préparer. Assurez-vous d'avoir sous la main des pâtes de grande qualité et des pois verts frais (ou, à tout le moins, congelés) et vous verrez la différence.

- Porter à ébullition une grande quantité d'eau salée dans une grande casserole.
- Pendant ce temps, faire sauter les dés de pancetta dans environ 3 c. à soupe d'huile jusqu'à ce qu'ils soient assez croustillants.
- Faire cuire les pâtes très rapidement. Si elles sont très fraîches, elles devraient être cuites en moins de 3 à 4 min. Si elles sont sèches, environ le double sera nécessaire. Une fois cuite, les égoutter rapidement et les remettre dans la casserole et ajouter le beurre. Mélanger bien. Il faut faire très vite à ce stade sinon les pâtes seront trop cuites. Alternativement, on peut les cuire légèrement afin qu'elles continuent à cuire jusqu'à ce qu'elles atteignent la cuisson parfaite au moment où on ajoute les ingrédients de la sauce.
- Dans un poêlon ou un faitout, faire chauffer la crème jusqu'à la limite de l'ébullition. Verser la crème sur les pâtes, remuer bien et ajouter les petits pois, la pancetta et assaisonner. Servir dans un grand bol à la manière italienne. Saupoudrer de parmigiano et verser un petit filet d'huile d'olive extravierge sur chaque portion individuelle.

INGRÉDIENTS

- **120 g (4 oz) de pancetta, en dés**
- **Huile d'olive extravierge**
- **120 g (4 oz) de tagliatelles fraîches**
- **1 c. à soupe au beurre**
- **125 ml (½ tasse) de crème entière ou légère**
- **150 g (5 oz) de petits pois frais, écossés (si on utilise des pois congelés, il faudra les faire dégeler à l'eau chaude sans les faire cuire)**
- **Sel marin et poivre du moulin**
- **3 c. à soupe de Parmigiano Reggiano**

Poulet grillé à l'ail

4 portions

INGRÉDIENTS

- 6 à 8 morceaux de poulet, cuisses ou poitrines
- 1 c. à soupe de paprika hongrois ou de pimentón espagnol
- Sel marin et poivre du moulin
- 3 gousses d'ail, écrasées et émincées
- Huile d'olive extravierge
- 4 c. à soupe de jus de citron

PRÉPARATION

Ce plat d'origine libanaise est l'un des premiers plats de cuisine orientale que j'ai appris à faire il y a plus de vingt ans. À l'époque, j'habitais Sydney, en Australie, et Neil, le patron libanais du restaurant français où je travaillais, m'avait invité chez lui pour goûter la cuisine de sa mère, en visite de son pays natal. Je la refais régulièrement parce qu'elle est un exemple de ce genre de cuisine que j'aime tant: simple, sans artifice, absolument exquise et qu'elle incarne l'âme de la campagne d'un pays qui m'attire beaucoup.

- Frotter les morceaux de poulet avec le paprika, le sel et le poivre. Mélanger l'ail avec l'huile et un peu de sel dans un mortier puis verser le jus de citron sur cette purée. Verser la marinade d'ail sur les morceaux de poulet, frotter bien et ajuster la quantité d'huile s'il en manque un peu. Mettre dans un plat au réfrigérateur toute la nuit.
- Au moment de manger, sortir le poulet et faire cuire sur le gril ou au four entre 20 à 40 min selon la taille des morceaux. Pour vérifier la cuisson, piquer la chair du poulet avec une brochette, le jus qui en sort devrait être parfaitement clair. On peut servir ce poulet avec des feuilles de laitue fraîches, de la roquette ou même du cresson, ce que font d'ordinaire les Libanais. On peut aussi réserver le même traitement à des cailles ou à des poulets de Cornouailles qu'on divise en deux. Au moment de servir, verser un peu d'huile d'olive extravierge crue sur la laitue et sur la volaille.

RECETTES D'ÉTÉ

La cuisine à l'huile d'olive crue, l'été, c'est un plaisir quotidien. Non ! Triplement quotidien puisqu'on en mange trois fois par jour en Méditerranée et aussi parce que les bénéfices d'un tel changement de régime sont multiples : il compense les plats soutenants et les glucides – ce que les Anglais appellent les *carbs* – par un régime à base de légumes, de poissons et de fruits, et des techniques de cuisson réduites à l'extrême. C'est aussi l'occasion de goûter à plusieurs crus différents et de jouer avec les nuances qu'ils apportent à la cuisine.

Vinaigrette à l'huile d'olive, avec tomates et aneth

4 portions

INGRÉDIENTS

- 1 grosse tomate fraîche (ou 2 petites)
- Sel marin et poivre frais
- 1 c. à soupe de vinaigre de vin rouge
- 4 c. à soupe d'huile d'olive de Cobram Estate (ou de type fruité léger)
- ½ oignon ou 1 échalote, émincé
- 1 gousse d'ail, émincée
- 2 c. à soupe d'aneth, finement émincé (que l'on peut remplacer par du persil)

PRÉPARATION

Contrairement à ce que l'on pense, les vinaigrettes ne servent pas qu'à garnir des laitues. On sert celle-ci sur des légumes blanchis ou grillés, des haricots verts par exemple, ou sur du poisson poché ou grillé au barbecue. On peut aussi chauffer légèrement la vinaigrette avant de napper les légumes.

- Préparer la tomate, enlever la peau en la plongeant quelques minutes dans l'eau bouillante. Laisser refroidir avant d'épépiner et de couper en morceaux.
- Dans un bol à mélanger le sel, le poivre, le vinaigre et l'huile. Ajouter les tomates, les oignons, l'ail et l'aneth. Mélanger bien et servir.

INGRÉDIENTS

- 6 c. à soupe d'huile de Cobram Estate
- 1 petit oignon, émincé
- 1/2 c. à café (1/2 c. à thé) de graines d'anis
- 1 gousse d'ail, écrasée
- 10 g (1/4 tasse) de persil, émincé finement
- 400 g (2 tasses) de tomates en conserve
- 125 ml (1/2 tasse) de vin blanc
- Environ 20 g (2/3 oz) de porcinis secs (champignons de type bolets), réhydratés dans 250 ml (1 tasse) d'eau pendant 1 h
- 4 filets d'anchois
- 1 c. à soupe de pignons
- Environ 1 kg (2 lb) de fruits de mer divers, incluant des crevettes, des poissons entiers, sans la tête et les écailles, coupés en cinq morceaux
- Sel marin et poivre frais

La fricassée de poisson de Gabriel Gaté

PRÉPARATION

(Chef de l'huilerie australienne Cobram Estate) **4 portions**

Le chef estime que ce plat est excellent après une assiette d'antipastis toute simple. En tout cas, il incarne tout à fait la simplicité des plats de famille de bords de mer italiens.

- Faire chauffer 4 c. à soupe d'huile dans un large poêlon à feu moyen. Ajouter les oignons et les graines d'anis et faire sauter 3 à 4 min sans laisser brunir. Ajouter d'abord l'ail, ensuite le persil et les tomates et mouiller ensuite avec le vin.
- Faire une purée avec les porcinis réhydratés, les anchois, les pignons et ajouter ensuite au poêlon.
- Mettre les fruits de mer dans le poêlon, bien assaisonner de sel et de poivre, et remuer afin de couvrir tous les poissons de sauce. Couvrir ensuite le poêlon d'une feuille de papier d'aluminium et de son couvercle et laisser cuire 15 min à feu doux ou jusqu'à ce que le poisson soit cuit. Bien napper les poissons de sauce pendant la cuisson. Mettre cette fricassée dans des soupières creuses et, juste avant de servir, napper généreusement d'huile d'olive Cobram. Servir avec du pain croustillant.

Soupe de Mamma Teresa

4 portions

INGRÉDIENTS

- 1 oignon, haché grossièrement
- 3 tomates, en dés
- 5 c. à soupe d'huile d'olive
- 2 tiges de céleri, hachées grossièrement
- 3 à 4 courgettes, en dés
- 2 pommes de terre, en dés
- 3 c. à café (3 c. à thé) de basilic frais, haché
- 3 c. à café (3 c. à thé) de persil frais, haché
- 1 c. à soupe d'origan frais, haché
- 1,5 à 2 litres (6 à 8 tasses) d'eau
- 2 œufs, battus
- 4 c. à soupe de Parmigiano Reggiano (ou granapadano), râpé
- Huile d'olive extravierge

PRÉPARATION

Cette soupe a vraiment une belle histoire. C'est celle de la mamma *de Elena Faita, professeur de cuisine avec qui j'ai appris à faire des saucissons et à mettre des tomates en conserve. Madame Faita a donné le goût à plusieurs Montréalais de cette cuisine italienne familiale qu'elle a elle-même héritée de sa mère. Nous lui en sommes donc tous redevables. Voici sa recette de la soupe de tous les jours. Celle qui lui met encore des larmes aux yeux parce qu'elle lui fait penser à sa mère.*

- Faire revenir les oignons et les tomates dans l'huile pendant 5 min à feu moyen.
- Ajouter le céleri, les courgettes et les pommes de terre. Incorporer les herbes et l'eau et porter à ébullition lentement. Laisser cuire à feu doux 20 min ou jusqu'à ce que les pommes de terre soient cuites. Ajouter les œufs et le Parmigiano Reggiano.
- Au moment de servir, poivrer généreusement si le cœur vous en dit et verser surtout un bon filet d'huile d'olive dans le plat de chaque convive.

Porrà

4 portions

PRÉPARATION

INGRÉDIENTS

- Plus ou moins 1 kg (2 lb) de tomates
- 1 à 2 gousses d'ail (selon la tolérance), coupées grossièrement
- Sel marin
- Vinaigre de xérès (disponible dans les épiceries fines), au goût
- 125 à 175 ml (½ à ¾ tasse) d'huile d'olive extravierge (espagnole de préférence)
- 1 œuf, cuit dur (10 min), le blanc et le jaune séparés

Cette soupe, servie bien froide, mais pas forcément toujours en été, est d'origine du pays andalou où le climat ne descend jamais en bas de 10°, même en décembre. Normal qu'on y aime les soupes rafraîchissantes comme le gaspacho. On sert la porrà *à tout moment, dans toutes les cuisines du sud de l'Espagne. C'est le plat passe-partout idéal. Voici la recette de la señorita Pharand, propriétaire de la boutique* Olive et Olives *de Montréal, telle qu'elle l'a elle-même apprise de ses amies dans la cité côtière de Malaga.*

- Faire des petites incisions dans les tomates et les faire blanchir 1 à 2 min dans l'eau bouillante ou au four à micro-ondes. Enlever la peau et épépiner. Mettre les tomates dans un robot de cuisine avec l'ail et 2 à 3 cuillerées de vinaigre. Ajouter le jaune d'œuf cuit dur et pulser pour obtenir une purée plutôt épaisse. Émulsionner en ajoutant de l'huile peu à peu au mélange.
- Saler et garnir avec le blanc d'œuf coupé en petits morceaux. C'est en goûtant la porrà après l'avoir passée au robot de cuisine qu'on ajustera la quantité de vinaigre. On rajoutera peut-être un peu d'huile.

Relish aux olives

4 portions

INGRÉDIENTS

- 4 c. à soupe de vinaigre de vin rouge
- 4 c. à soupe d'huile d'olive
- 60 g (1/2 tasse) d'olives noires, dénoyautées et hachées grossièrement
- 60 g (1/2 tasse) d'olives vertes, dénoyautées et hachées grossièrement
- 1 c. à café (1 c. à thé) de pluches de fenouil frais (ou de tiges), hachées finement
- 2 c. à café (2 c. à thé) de coriandre fraîche, hachée finement
- 2 c. à café (2 c. à thé) de rue fraîche, hachée finement (facultatif)
- 3 c. à café (3 c. à thé) de menthe fraîche, hachée finement ou 2 c. à café (2 c. à thé) de menthe séchée

PRÉPARATION

L'idée du condiment est très ancienne. Il s'agissait en fait de donner un oumpf! aux plats quand ceux-ci étaient fades. Heureusement, la cuisine romaine ne l'était pas, ce qui n'empêchait pas les matrones romaines d'en remettre, avec ces à-côtés très relevés. Nous tenons cette superbe recette de Caton l'Ancien qui l'a répertoriée autour de 200 ans avant la naissance du Christ. Si vous ne trouvez pas de rue fraîche, qu'importe, omettez-la. Mais vous pouvez en faire pousser au jardin ; cette plante est non seulement vivace, mais extrêmement résistante.

- Dans un bol, verser le vinaigre et l'huile sur les olives et ajouter les herbes. En principe, le sel contenu dans les olives devrait suffire, mais si on estime qu'il en manque – nous ne sommes pas dans la Rome antique –, rectifier l'assaisonnement. Ce relish ne contient pas de poivre.
- Servir immédiatement avec du pain pita et du fromage feta ou laisser mariner quelques jours au réfrigérateur pour ensuite accompagner un poulet rôti.

INGRÉDIENTS

- 480 g (1 lb) de fettuccelles fraîches (petits fettucines)
- 250 ml (1 tasse) de bouillon de poulet (meilleure sera la qualité du bouillon, meilleur sera le plat)
- 2 c. à soupe d'huile d'olive extravierge
- 1/2 cantaloup, en petits cubes
- 4 c. à soupe de Parmigiano Reggiano (de grâce, ne jamais prendre de parmesan industriel pour faire cette recette)
- Sel et poivre
- 6 tranches de prosciutto, en petits morceaux
- Persil, haché (facultatif)

Fettuccelles alla morosana

PRÉPARATION

4 portions

Conçu par le chef Peppino Perri, du restaurant Pronto, *ce plat incarne un peu l'une des nouvelles directions de la cuisine italienne, qui peut s'inspirer des ingrédients de la cuisine classique - melon, prosciutto, parmigiano - et les articuler d'une manière tout à fait inhabituelle. Une manière de réussir ce plat est d'utiliser du bouillon maison et de travailler rapidement à l'assemblage.*

- Faire bouillir l'eau salée en grande quantité et cuire les fettuccelles fraîches de 3 à 4 min.
- Dans un poêlon, faire chauffer le bouillon et l'huile et laisser mijoter quelques minutes. Ajouter les dés de cantaloup et les enrober de liquide, mais ne pas faire cuire.
- Égoutter les pâtes et les incorporer au bouillon. Ajouter le parmigiano, saler et poivrer.
- Servir dans des assiettes creuses et garnir de prosciutto et d'un peu de persil. Rectifier l'assaisonnement, mais attention de bien doser le sel, le prosciutto étant déjà salé. Verser un petit filet d'huile sur chaque portion et servir.

La purée de banon en vinaigrette de Christine Cheylan Haccuria

4 portions

INGRÉDIENTS

- 1 gousse d'ail
- 1 pincée de sel
- 1 pincée de poivre
- 1 c. à café (1 c. à thé) de vinaigre de vin rouge
- 2 c. à soupe d'huile d'olive Château Virant (sinon une huile avec un goût de plant de tomate)
- 1 fromage de chèvre de type banon

PRÉPARATION

Madame Cheylan cultive l'olivier (et la vigne) et produit une grande huile d'olive française. L'une des meilleures de son AOC d'Aix-en-Provence. Elle m'a donné cette recette qui met en valeur les produits de son patelin. Et qui se prépare quand on a la flemme, c'est-à-dire quand on n'a pas envie de cuisiner. Juste ça, avec un bon rosé de Provence et vous avez là l'incarnation de l'esprit de la Provence.

- Broyer l'ail avec le sel dans un mortier. Ajouter le poivre, puis le vinaigre et fouetter. Laisser reposer quelques minutes afin que le vinaigre cuise l'ail. Incorporer l'huile lentement pour émulsionner.
- Écraser le fromage dans la vinaigrette pour obtenir une pâte homogène. Allonger à l'huile si la pâte trop épaisse.
- Servir en apéro sur du pain de campagne grillé ou des pains pita légèrement grillés.

INGRÉDIENTS

- 750 ml (3 tasses) de lait demi-écrémé (2 %)
- 250 ml (1 tasse) de crème fraîche double (35 %)
- 12 jaunes d'œufs
- 200 g (1 tasse) de sucre fin
- 125 ml (½ tasse) d'huile d'olive française, au goût doux comme celles de l'AOC de Nyons
- 60 g (½ tasse) d'olives noires taggiasche

PRÉPARATION

Glace à l'huile d'olive

Franck Ferriguti de l'hôtel Mandarin Oriental *de Genève* 4 portions

J'ai goûté cette glace de Franck Ferriguti, le chef du restaurant* Le Neptune *de l'hôtel* Mandarin Oriental *de Genève, qui compte une étoile au Michelin. Si ce plat ne révèle pas tout l'immense talent de ce chef, il donne tout de même une idée de son originalité.

- Faire bouillir le lait et la crème. Entre-temps, battre les jaunes d'œufs avec le sucre pour obtenir un ruban de couleur presque blanc. Verser le mélange de lait et de crème sur les jaunes et le sucre en mélangeant énergiquement au fouet et remettre à cuire jusqu'à ce que la crème épaississe sans cesser de mélanger et laisser refroidir.
- Faire turbiner la crème anglaise à la sorbetière puis, après quelques minutes, ajouter l'huile. À la fin, au moment où la crème devient de plus en plus onctueuse et épaisse, incorporer les olives.

NOTE DU CHEF : Attention de ne pas laisser turbiner la glace trop longtemps avec les olives, car le but est d'obtenir une crème glacée de couleur claire avec des pointes noires.

Salades marocaines d'été de Madame Guinaudeau

PRÉPARATION INGRÉDIENTS

4 portions

Madame Guinaudeau, française de corps mais marocaine de cœur, a vécu à Fez pendant plus de trente ans et a cuisiné pour son mari marocain. Elle a donc appris des cuisinières de la vieille ville, ces recettes uniques et parfaitement expliquées, habituellement transmises oralement. Voici quelques salades typiques que l'on mange avant le couscous ou le tajine. Elles sont fortement améliorées par l'usage d'une huile de grande qualité.

SALADE DE RADIS

Râper quelques radis blancs ou noirs et saupoudrer d'un peu de sucre. Verser le jus d'une orange ou d'un citron et ajouter les morceaux d'une orange pelée à vif, coupée en petits dés. Saupoudrer de sel marin, ajouter un doigt d'eau de fleur d'oranger (facultatif) et un filet d'huile d'olive.

- Radis blancs ou noirs
- Sucre
- Jus d'une orange ou d'un citron
- Sel marin
- Eau de fleur d'oranger
- Huile d'olive au fruité léger

SALADE DE PERSIL

Dans un grand bol, mélanger un bouquet de persil plat, un oignon finement émincé, et la pulpe d'un citron frais, coupé en petits morceaux. Écraser un citron avec les mains afin d'en extraire le jus directement sur la salade, saler généreusement. Poivrer et napper d'une huile d'olive de très grande qualité, au goût assez robuste pour soutenir le parfum très chlorophyllé du persil.

- Persil plat frais
- 1 oignon
- 1 citron
- Sel et poivre du moulin
- Huile d'olive

SALADE DE CONCOMBRES

Peler et râper des concombres dans un grand bol. Si on utilise la variété de concombres dits «libanais», on n'a pas besoin de les peler, la peau étant tout à fait délicieuse et digeste. Mettre un peu de vinaigre, celui que vous préférez du moment qu'il soit à base de vin ou de cidre et de bonne qualité. Ajouter quelques graines de carvi écrasées au mortier, quelques feuilles de thym ou du thym séché, saler et ajouter un peu de sucre. Encore une fois, napper d'un peu d'une excellente huile d'olive. C'est ce qui déterminera la qualité de la salade.

- Concombres bien frais
- Vinaigre de vin ou de cidre
- Graines de carvi
- Thym frais ou séché
- Sel
- Sucre
- Huile d'olive

Tarte fine à la tomate et aux oignons confits

4 à 6 portions

INGRÉDIENTS

- 2 gros oignons, coupés finement
- Sel
- 1 c. à soupe d'huile d'olive
- Environ 120 g (4 oz) de pâte feuilletée pour une tarte
- Environ 120 g (4 oz) de fromage à pâte dure assez fort de bonne qualité (pecorino, asiago, cheddar, comté, etc.)
- 240 g (8 oz) de tomates, en rondelles de 1,25 cm (½ po)
- 30 g (¼ tasse) d'olives vertes, noires ou rouges, dénoyautées
- Une pincée de thym séché ou d'herbes de Provence séchées
- Poivre noir du moulin

PRÉPARATION

Encore une autre de ces recettes simples à réaliser, mais qui fait très bel effet en début de saison chaude et qui donne un peu de vie et d'éclat à des légumes tristes, car en été les tomates ne sont pas encore à leur meilleur.

- Dans un poêlon, faire suer les oignons avec le sel dans l'huile, à couvert, environ 20 min à feu moyen. Enlever le couvercle du poêlon et continuer à faire suer jusqu'à ce que les oignons soient d'une belle couleur dorée. Faire refroidir.
- Préchauffer le four à 190 °C (375 °F). Étendre la pâte feuilletée (épaisseur d'environ 3 mm/⅛ po sur une surface farinée, assez pour couvrir le fond et les bords d'un moule à tarte de 30 cm (12 po) de diamètre). Ce sera plus facile de démouler ensuite si on a un moule à fond amovible. Répandre le mélange d'oignons et d'huile d'olive sur la croûte et saupoudrer de fromage. Disposer en cercles les rondelles de tomates et d'olives. Assaisonner de thym, de sel et de poivre. On peut mettre un filet d'huile supplémentaire sur le dessus de la tarte si on est un peu gourmand, histoire de faire des excès.
- Faire cuire au four pendant 1 h ou jusqu'à ce que la pâte soit d'une belle couleur dorée. On peut servir cette tarte en entrée ou en plat, chaude ou froide, seule ou avec une petite salade verte.

Paloudes (ou moules) et saucisse chorizo aux tomates et à l'ail

4 à 6 portions

PRÉPARATION

INGRÉDIENTS

- 2 à 3 gousses d'ail, émincées
- Environ 125 g (3/4 tasse) de chorizo, en dés
- 2 à 3 c. à soupe d'huile d'olive extravierge
- 3 à 4 grosses tomates juteuses ou 1 conserve de 500 ml (2 tasses)
- Sel et poivre
- Environ 2 kg (4 1/2 lb) de palourdes ou de moules, nettoyées et frottées

Encore une recette élémentaire mais qui contient toute l'Espagne en quelques mots magiques : fruits de la mer, tomates, huile d'olive et ail, beaucoup d'ail.

- Faire sauter l'ail et le chorizo dans l'huile de 1 à 2 min, ou jusqu'à ce que l'ail soit bien doré. Ajouter les tomates et laisser cuire afin que les morceaux fondent. Réduire la chaleur à feu moyen et laisser mijoter à découvert environ 15 min, jusqu'à ce que la sauce épaississe. Saler et poivrer.
- Ajouter les palourdes et faire cuire de 9 à 12 min en remuant jusqu'à ce qu'elles s'ouvrent (celles qui ne s'ouvrent pas après 12 min doivent être rejetées). Arroser d'un filet d'huile d'olive espagnole, préférablement au fruité noir. Servir immédiatement ce plat avec beaucoup de pain bien frais pour absorber tout le jus.

Caviar du pauvre

(To chaviari tou ftochou) **4 portions**

INGRÉDIENTS

- 240 g (8 oz) d'olives noires grecques de type Kalamata ou Pelion, dénoyautées et rincées sous l'eau froide
- 240 g (8 oz) d'olives vertes, de type Naplion, dénoyautées et rincées sous l'eau froide
- 120 g (1 tasse) de câpres, rincées à l'eau froide
- 5 c. à soupe de jus de citron frais
- 5 gousses d'ail
- 15 g (1/2 tasse) de persil plat, fraîchement émincé
- 4 c. à soupe d'huile d'olive extravierge (au fruité vert), grecque de préférence
- 1 c. à café (1 c. à thé) d'origan séché
- 1 c. à café (1 c. à thé) de poivre
- Chapelure de pain complet
- Sel marin, au besoin
- Tranches de pain grec ou italien à croûte épaisse

PRÉPARATION

En meze, cette purée, une sorte de tapenade, nous vient de l'île de Syros dans les Cyclades. Autrefois, on la préparait dans un mortier, les ingrédients ajoutés un à un, et l'on obtenait une mousseline fine et onctueuse. On peut bien sûr utiliser le robot de cuisine si on manque de temps et d'énergie.

- Mettre les olives, les câpres, la moitié du jus de citron et l'ail dans un robot de cuisine et pulser jusqu'à l'obtention d'une belle purée. Ajouter le persil, pulser encore un peu. Ajouter ensuite l'huile, l'origan, le poivre et pulser jusqu'à tout soit bien amalgamé.
- Rectifier l'assaisonnement en ajoutant du jus de citron, du poivre et un peu plus d'huile si le mélange est trop épais et sec. S'il est trop liquide, ajouter un peu de chapelure jusqu'à consistance voulue. Couvrir et laisser reposer au moins 3 h au réfrigérateur avant de servir avec des tranches de pain grillé. Napper d'un petit filet d'huile et saupoudrer de sel marin.

Escalivada

4 portions

PRÉPARATION

INGRÉDIENTS

- 8 aubergines japonaises (longues et effilées) ou 4 aubergines italiennes
- 4 poivrons rouges
- 4 oignons rouges
- 1 à 2 tomates
- Huile d'olive extravierge
- Sel
- 4 à 6 gousses d'ail, émincées

Le mot signifie « cuire dans les braises » et fait référence en Catalogne à des légumes, ce qu'on ajoutait au milieu des braises dans un feu de bois et qu'on servait en apéro ou en accompagnement de viandes grillées ou de salade de morue séchée. Je ne m'attends pas à ce que vous fassiez cuire les légumes de cette manière bien sûr, comme on ne le fait plus souvent même en Catalogne.

- Préchauffer le four à 180 °C (350 °F). Mettre les légumes entiers, non coupés et non pelés, dans une lèchefrite et badigeonner chacun d'un peu d'huile. Saupoudrer d'un peu de sel. Mettre la lèchefrite le plus près possible de la source de chaleur. Faire rôtir environ 40 min, jusqu'à ce qu'ils soient cuits, mais pas crémeux ni fondants.
- Une fois les légumes cuits, mettre dans un sac de papier fermé de manière étanche. Laisser les légumes dans ce sac environ 15 min, le temps qu'une cuisson « à la vapeur » permette aux peaux de se détacher facilement. Servir ces légumes en tranches, sur lesquels on ajoute un peu d'huile extravierge crue, et de l'ail cru si votre digestion le permet. Rectifier l'assaisonnement.

NOTE : On peut aussi mettre en purée les légumes rôtis, assaisonner légèrement d'un peu de vinaigre balsamique ou de cabernet sauvignon, par exemple. Ainsi, on peut servir cette variante en légumes d'accompagnement d'un poisson au barbecue, ou même froide, en tapas.

Remerciements

Je voudrais remercier les organismes suivants pour leur soutien :

- La Délégation Commerciale d'Italie (ICE) à Montréal, MM. La Vergetta, Manenti et Mmes Casale et Mallozzi.
- L'ICEX, L'institut espagnol de commerce extérieur, M. Jose Luis Atristain.
- La Sopexa, la société pour la promotion des produits de l'agroalimentaire français, Marie-Élène Hvizdak.
- Le conseil oléicole international à Madrid.
- La Corporazione dei Mastri Oleari à Milan et M. Flavio Zaramella et mes amis Louise, Alain, Daniel, Angelo, Claudia et Jeff, dont le soutien moral a été essentiel.

Index

Achevé d'imprimer au Canada
sur les presses des Imprimeries Transcontinental Inc.